ITIS

經濟部技術處109年度專案計畫

2020資訊軟體暨服務產業年鑑

中華民國109年9月30日

序

　　回顧 2019 年資訊軟體產業，在美中貿易戰針對資通訊產品博弈之下，誕生出新一波的資訊安全商機，而快速的市場變化也使數位轉型成為企業無法迴避的難題與挑戰。新興科技應用如人工智慧、資訊安全與金融科技為企業帶來轉型的契機，而資訊軟體與服務，更是促進新興科技轉型應用的關鍵，此領域的趨勢發展格外值得關注，包括客戶體驗、環境感知、流程自動化、人機協作、數位生態與智慧信任。

　　新冠肺炎疫情為全球產業帶來重創，但同時也促進「智慧醫療、電腦視覺檢測、大數據追蹤、零接觸商機、遠距服務」等應用發展，讓企業能夠快速的累積寶貴實戰經驗。展望 2020 年，數位轉型勢必成為產業發展的骨幹。未來企業邁向永續發展的關鍵，必須優先考量如何整合「資訊、資安、電信、網路與傳播」等五大數位發展領域，搶先布局人工智慧與物聯網的資安應用，以數據驅動為核心，達到事先預警、緊急應變、持續維運等超前部署目標，再透過新興科技發展數位轉型。

　　在全球市場快速變化、數位轉型浪潮興起與典範轉移之際，如何引導產業從市場需求，發展跨領域的軟體應用服務，並配合政府的創新產業政策，驅動提升臺灣的資訊服務與軟體產業競爭力，實為當前產業發展的重要挑戰。在經濟部技術處的長期支持與指導下，《2020 資訊軟體暨服務產業年鑑》順利出版。本年鑑探討全球與臺灣資訊服務暨軟體市場的發展現況與動態，剖析最新資訊軟體產業發展概況與趨勢，對政府研擬產業政策、企業組織策略規劃及學界進行產業研究，皆有所助益，也期盼能透過資訊軟體與應用服務，協助臺灣各產業和政府部門發展數位轉型的創新模式。

財團法人資訊工業策進會　執行長

中華民國 109 年 9 月

編者的話

《2020資訊軟體暨服務產業年鑑》主要收錄臺灣2020年資訊服務暨軟體市場發展現況與動態。本年鑑邀請資訊服務與軟體產業相關領域之多位專業產業分析師共同撰寫，內容不但涵蓋全球與臺灣資訊服務與軟體市場的發展現況、廠商動態等，亦包含市場趨勢與規模預估，以及產業展望探討。期盼本年鑑中的資訊能提供給資訊服務業者、政府單位，以及學術機構等，作為擬訂決策或進行學術研究時的參考工具書。

本年鑑除了彙整及分析整體資訊服務與軟體市場動態之外，亦針對領域進行觀測及發展動態追蹤，以強化年鑑內容豐富度。除此之外，本年鑑亦加入工智慧應用、資訊安全及金融科技之創新資訊應用等熱門議題，期能反映近期資訊服務與軟體市場的關注焦點。年鑑內容總共分為六章，茲將各章之內容重點分述如下：

第一章：總體經濟暨產業關聯指標。本章內容包含全球與臺灣經濟發展指標與產業關聯重要指標兩大區塊，俾使讀者能掌握近年總體經濟表現狀況與主要地區資訊服務與軟體市場之發展。

第二章：資訊服務與軟體市場總覽。本章分述全球與臺灣資訊服務與軟體市場發展現況，包括各主要地區之市場動態、行業別市場規模、主要業別資訊應用現況，以及品牌大廠動態等，讓讀者得以快速掌握資訊服務與軟體市場的發展脈動。

第三章：全球資訊服務暨軟體市場個論。本章探討全球系統整合、資訊委外、雲端服務、企業解決方案、大眾套裝軟體與嵌入式系統等資訊服務領域，除了分析市場趨勢、產業動態，亦闡述該領域業務之未來發展狀況。

第四章：臺灣資訊服務暨軟體市場個論。此章進一步聚焦臺灣系統整合、資訊委外、雲端服務、資訊安全領域，除了分析市場趨勢、產業動態，亦闡述該領域業務之未來發展狀況。

第五章：焦點議題探討。本章針對人工智慧、資訊安全以及金融科技之創新資訊應用分析等議題進行剖析。內容包括市場趨勢、資訊應用趨勢與服務模式等，以提供讀者有關資訊服務新興議題之相關情報。

第六章：未來展望。本章針對資訊技術發展、產業發展趨勢、行業發展機會與展望，分別總結研究內容以供政府單位在制定產業政策時，以及相關業者在擬定企業決策時之參考。

附　　錄：全球主要國家或地區之資訊服務與軟體產業政策，以及中英文專有名詞對照表，以供讀者作為補充參考之用。

　　本年鑑內容涉及之產業範疇甚廣，若有疏漏或偏頗之處，懇請讀者踴躍指教，俾使後續的年鑑內容更加適切與充實。

《2020資訊軟體暨服務產業年鑑》編纂小組　謹誌

中華民國109年9月

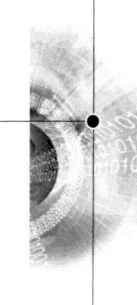

目 錄

第一章 總體經濟暨產業關聯指標 1
 一、全球經濟發展指標 1
 二、產業關聯重要指標 7

第二章 資訊軟體暨服務市場總覽 13
 一、全球市場總覽 16
 二、臺灣市場總覽 31

第三章 資訊軟體暨服務市場個論 43
 一、系統整合 43
 二、資訊委外 50
 三、雲端服務 56
 四、資訊安全 62

第四章 臺灣資訊軟體暨服務市場個論 71
 一、系統整合 71
 二、資訊委外 76
 三、雲端服務 81
 四、資訊安全 86

第五章 焦點議題探討 93
 一、人工智慧應用趨勢 93
 二、資訊安全應用趨勢 98
 三、金融科技應用趨勢 105

第六章　未來展望	111
一、資訊軟體暨服務應用趨勢	111
二、臺灣資訊軟體暨服務產業展望	123
附錄	137
一、中英文專有名詞對照表	137
二、近年資訊軟體暨服務產業重要政策與計畫觀測	140
三、參考資料	178

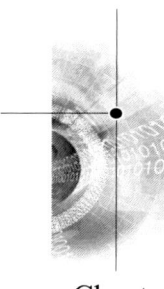

Table of Contents

Chapter I Macroeconomic and Industrial Indicators..1
    1. Global Economy Indicators...1
    2. Industial-Related Indicators..7

Chapter II ICT Software and Service Market Overview 13
    1. Global Market...16
    2. Taiwan's Market..31

Chapter III Development of Global IT Software and Service Market Segments 43
    1. System Integration..43
    2. Information Outsourcing...50
    3. Cloud Service...56
    4. Information Security...62

Chapter IV Development of Taiwan's IT Software and Service Market 71
    1. System Integration..71
    2. Information Outsourcing...76
    3. Cloud Service...81
    4. Information Security...86

Chapter V Top Issues..93
    1. Applications and Trends of AI..93
    2. Applications and Trends of Information Security....................98
    3. Applications and Trends of Fintech....................................105

Chapter VI Future Outlook for the ICT Software and Service Industry........110
    1. Global IT Software and Service Industy Outlook...................110
    2. Taiwan's IT Software and Service Industy Outlook................122

Appendix 136

    1. List of Abbreviations……………………………………...............136

    2. Summary of Key Policies and Plans of the IT Software and Service Industry…………………………….......................................139

    3. Reference………………………………………...........................177

圖目錄

圖 2-1　全球資訊軟體暨服務市場規模 17
圖 2-2　全球資訊服務市場規模 18
圖 2-3　全球系統整合市場規模 19
圖 2-4　全球委外服務市場規模 20
圖 2-5　全球軟體市場規模 21
圖 2-6　臺灣資訊軟體暨服務產業市場規模 32
圖 2-7　臺灣資訊軟體暨服務產業次產業分析 33
圖 2-8　臺灣系統整合業市場規模 34
圖 2-9　臺灣系統整合業分析 35
圖 2-10　資料處理資料處理產業市場規模 36
圖 2-11　臺灣資料處理與資訊供應服務業分析 36
圖 2-12　臺灣軟體產業市場規模 37
圖 2-13　臺灣軟體設計產業市場規模 38
圖 2-14　臺灣軟體經銷產業市場規模 39
圖 2-15　臺灣軟體業分析 40
圖 2-16　臺灣資訊服務暨軟體產業結構 41
圖 3-1　AWS Outposts 的服務流程圖 58
圖 3-2　Microsoft Azure Arc 的服務架構圖 59
圖 3-3　Google Anthos 平台的服務架構圖 60
圖 3-4　IBM Cloud Pak for Multicloud Management 的服務架構圖 61

圖 3-5	新技術與新場景驅動資安產業的快速成長	63
圖 4-1	AIoT 應用服務資安暨個資管理目標框架	88
圖 5-1	聯盟學習法運作流程	94
圖 5-2	人工智慧軟體框架 2016-2020 上半年更新次數	95
圖 5-3	行動應用資訊安全檢測框架	102
圖 6-1	Affectiva 電腦視覺辨識駕駛人情緒	113
圖 6-2	Guardian XO 增強力氣協作機器人	114
圖 6-3	FourKites 供應鏈物流平台生態系	116
圖 6-4	NVIDAPiloTNet 系統讓人類判斷 AI 學習是否正確	117
圖 6-5	電腦視覺系統讓快速判斷肺部影像的特徵	119
圖 6-6	大數據疫情追蹤系統	120
圖 6-7	InTouch 遠距看診設備	121
圖 6-8	藥物辨識 APP	127
圖 6-9	DeepCT 腦出血檢測	128
圖 6-10	封膜品質檢測	131
圖 6-11	麵包自動結帳系統	132

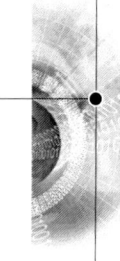

表目錄

表 1-1　全球與主要地區經濟成長率 2

表 1-2　全球主要國家經濟成長率 3

表 1-3　全球主要國家消費者物價變動率 4

表 1-4　臺灣重要經濟數據統計 5

表 1-5　臺灣對主要貿易地區出口概況 6

表 1-6　臺灣工業生產指數 7

表 1-7　2018-2019 年全球數位競爭力排名前 20 名國家與名次變化 9

表 1-8　2014-2018 年全球電子化政府程度評比前 10 名國家 10

表 1-9　2015-2019 年臺灣資訊軟體暨服務業廠商家數 11

表 1-10　2015-2019 年臺灣資訊軟體暨服務業對 GDP 貢獻度 11

表 1-11　2015-2019 年臺灣資訊軟體暨服務業就業人數 12

表 1-12　2015-2019 年臺灣資訊服務暨軟體業勞動生產力 12

表 2-1　資訊軟體暨服務市場主要分類與定義 14

表 2-2　資訊服務市場定義與範疇 14

表 2-3　資訊軟體市場定義與範疇 16

表 3-1　2019-2020 年前十五大資安併購案 67

表 5-1　各國及廠商之人工智慧規範及倫理政策 97

表 5-2　芬蘭智慧城市開放介接類型 100

表 5-3　平台類型及資訊安全焦點議題 103

表 5-4　金融科技發展趨勢 106

XI

表 6-1　新興科技對於資訊暨軟體產業成長影響 122

表 6-2　臺灣資訊暨軟體產業行業機會 134

第一章 ｜ 總體經濟暨產業關聯指標

一、全球經濟發展指標

（一）全球重要經濟數據

1. 經濟成長率（國內生產毛額變動率）

國內生產毛額（Gross Domestic Product, GDP）係指在單位時間內，國內生產之所有最終商品及勞務之市場價值總和。國內生產毛額之變動率不但呈現出該國當前經濟狀況，亦是衡量其發展水準的重要指標，因此一國之經濟成長率通常以國內生產毛額變動率表示。而將一經濟體或地區各國之國內生產毛額加總，並計算其變動率，即可得到該經濟體或地區之經濟成長率。

綜覽全球，經濟相較 2018 年衰退，2019 年以來經濟方面的壞消息不斷，中國大陸內需市場衰退以及中美貿易戰的關稅制裁使得製造業與貿易領域衰退，經濟成長低於預期。根據國際貨幣基金（International Monetary Fund, IMF）於 2019 年 10 月所發布的資料／數據顯示，2019 年全球經濟成長率約 3%，2020 年預估 3.4% 以及 2021 年的 3.6%。

觀察 2019 年各地區經濟表現，先進經濟體的經濟成長下降至 1.7%，相較於 2018 年降低 0.6%；在新興市場與經濟體中，經濟成長幅度最高者仍屬亞洲開發中國家，2019 年經濟成長率達 5.9%，惟經濟成長亦逐年趨緩；經濟成長幅度最低者則為中東及中亞區，2019 年經濟成長率為 0.9%，相較於 2018 年下降 1%。

回顧 2019 年，IMF 對經濟表現保持悲觀，全球經濟成長率為 3%，低於 2018 年的 3.6%。從經濟體來看，先進經濟體的經濟表現緩步衰退，在 2019 年僅 1.7% 的經濟成長，相較於 2018 年表現低；而新興市場與經濟體部分亦出現緩步衰退，2019 年經濟成長率達 3.9%，遜於 2018 年的 4.5%。新興市場與經濟體的成長減緩主要來

自於新興歐洲以及亞洲開發區國家,尤其新興歐洲成長率大幅減少,經濟成長率從2018年的3.1%下降到2019年的1.8%。

而中東及中亞、北非地區和拉美及加勒比海地區也陷入經濟成長率衰退,中東及中亞地區經濟成長率在2019年大幅衰退至0.9%;北非地區的成長率從4.2%下降到3.6%;拉丁美洲及加勒比海地區成長率從1%大幅下降至0.2%。中東與中亞和北非地區由於地緣政治因素和油價的波動,使得經濟成長情形較不穩定,而拉丁美洲地區受到政策不確定性以及礦業事故的影響,拖累經濟成長。

表1-1 全球與主要地區經濟成長率

區域／年	2018	2019	2020(e)	2021(f)
全球	3.6%	3.0%	3.4%	3.6%
先進經濟體	2.3%	1.7%	1.7%	1.6%
歐元區	1.9%	1.2%	1.4%	1.4%
新興市場與經濟體	4.5%	3.9%	4.6%	4.8%
新興歐洲	3.1%	1.8%	2.5%	2.5%
亞洲開發中國家	6.4%	5.9%	6.0%	6.2%
拉美及加勒比海	1.0%	0.2%	1.8%	2.4%

資料來源:IMF、資策會MIC經濟部ITIS研究團隊整理,2020年9月

在歐美國家方面,美國2019年經濟成長率在2.4%,相較於2018年表現減緩,而英國尚未走出脫歐影響,經濟成長率持續減緩,2019年經濟成長率為1.4%。

亞洲國家方面,中國大陸與日本推出多項政策刺激經濟成長,但隨著貿易戰的開展,關稅壁壘和出口禁令影響國際貿易的運行連帶影響經濟成長率。近年表現相對亮眼的中國大陸經濟成長率持續下降,來到6.1%,而日本經濟成長率微幅上升至0.9%。

總結來說2019年經濟成長普遍較為趨緩。近年表現相對亮眼的中國大陸經濟成長率持續下降,而新加坡大幅下降至來到0.5%。預估2020年美國經濟成長率將達2.1%,歐元區將達1.4%,英國將達

1.3%，日本將達 0.5%。新興國家部分，2020 年將達 4.6%，亞洲發展中國家將達 6.0%。

美中貿易摩擦威脅全球經濟發展，全球金融環境緊縮可能會造成經濟的動盪，同時引發地緣政治的緊張局勢對其他國家產生重大的負面擴散作用。隨著美中在 2020 年 9 月簽下第一階段協議，預期貿易戰放緩有助於全球經濟的穩定，帶動於 2020 年景氣的回升。

表 1-2　全球主要國家經濟成長率

國別／年	2018	2019	2020(e)	2021(f)
美國	2.9%	2.4%	2.1%	1.7%
日本	0.8%	0.9%	0.5%	0.5%
德國	1.4%	0.5%	1.2%	1.4%
法國	1.7%	1.2%	1.3%	1.3%
英國	1.4%	1.2%	1.3%	1.5%
韓國	2.7%	2.0%	1.4%	2.7%
新加坡	3.2%	0.5%	1.0%	1.6%
香港	3%	0.3%	1.5%	2.5%
中國大陸	6.6%	6.6%	5.8%	5.9%

資料來源：IMF，資策會 MIC 經濟部 ITIS 研究團隊整理，2020 年 9 月

2. 消費者物價變動率

消費者物價指數（Consumer Price Index, CPI）乃是衡量通貨膨脹的主要指標，反映與居民生活有關的產品及勞務價格之物價變動情形。一般而言，當變動率高於 2.5% 則表示國家面臨通膨壓力。大部分國家通常將消費者物價變動率控制在 1～2%，至多 5% 內，以達到刺激經濟發展的效果。

綜觀全球主要國家 2019 年消費者物價變動率，絕大多數無通膨疑慮。整體而言，主要國家的通膨情況仍相當溫和。展望 2020 年，大部分國家仍會處於溫和的通膨情況。

表 1-3　全球主要國家消費者物價變動率

國別／年	2018	2019	2020(e)	2021(f)
美國	2.4%	1.8%	2.3%	2.4%
日本	1.0%	1.0%	1.3%	0.7%
德國	1.9%	1.5%	1.7%	1.7%
法國	2.1%	1.2%	1.3%	1.4%
英國	2.5%	1.8%	1.9%	2.0%
韓國	1.5%	0.5%	0.9%	1.4%
新加坡	0.4%	0.7%	1.0%	1.3%
香港	2.4%	3.0%	2.6%	2.6%
中國大陸	2.1%	2.3%	2.4%	2.8%

資料來源：IMF，資策會MIC經濟部ITIS研究團隊整理，2020年9月

（二）臺灣重要經濟數據

　　2019年臺灣經濟成長微幅度成長0.01%來到2.64%。由於臺灣屬小型且高度開放的經濟體，對外貿易依存度高，容易受到國際景氣影響，且出口高度集中於電子資通訊產品，受到單一產業景氣影響亦較大。雖然受到中美貿易戰的影響，國際貿易委靡，但與此同時臺灣挾著國內之半導體具有製程領先的優勢，加上智慧家庭、車用電子應用、5G等新興議題發酵，接受到國外廠商的大量轉單，臺灣廠商也因此受惠，使得臺灣經濟成長率微幅增加至2.64%。

　　在消費者物價指數（CPI）變動率方面，2019年消費者物價指數變動率為0.56%，較2018年的1.13%下降，根據主計總處分析，此主要因為商品和服務價格成長所致。油價的高低對臺灣CPI影響較大，2019年底CPI的上升主要年受到油價上升的影響。

　　在躉售物價指數（Wholesale Price Index, WPI）變動率方面，2019年躉售物價指數變動率-3.42%，據主計總處分析，是受到中美貿易戰與原油價格下跌的影響。在工業生產指數方面，年增率達2.15%，

第一章 總體經濟暨產業關聯指標

由於中美貿易戰的轉單效應帶動各項電子零組件的生產，搭配臺灣積體電路挾著製程領先的優勢產能滿載，工業生產表現亮眼。

表 1-4　臺灣重要經濟數據統計

項目／年	2015	2016	2017	2018	2019
經濟成長率	0.81%	1.51%	3.08%	2.63%	2.64%
國內生產毛額（GDP）（百萬美元）	534,474	543,002	590,780	608,186	611,451
出口總值（百萬美元）	285,343	280,321	317,249	335,908	329,330
消費者物價（CPI）變動率	-0.30%	1.39%	0.62%	1.35%	1.13%
躉售物價（WPI）變動率	-8.85%	-2.98%	0.90%	3.63%	-3.42%
工業生產指數年增率	-1.75%	1.42%	2.90%	3.65%	2.15%

資料來源：行政院主計處，資策會 MIC 經濟部 ITIS 研究團隊整理，2020 年 9 月

在對外出口貿易部分，2019 年臺灣整體出口貿易總額下降，究其原因為中美貿易戰造成國際貿易的萎靡，同時歐、美、日等先進國家經濟表現欠佳，新興市場成長動力減速，全球經濟疲軟，臺灣出口貿易成長動能受限。雖然有各國轉單的效應以及雲端、物聯網的新興應用帶動半導體需求，能夠帶動臺灣的出口，然而總結 2019 年出口仍呈衰退的情形。在各貿易地區當中，2019 年對亞洲及歐洲出口衰退幅度減緩，對美洲則是大幅成長，亞洲地區主要來自中國大陸出口減少，而歐洲主要來自於主要經濟體經濟情況的疲軟。對美國出口增加主要原因為中美貿易戰下的轉單效應。

表 1-5　臺灣對主要貿易地區出口概況

單位：仟美元

國別／年	2015	2016	2017	2018	2019
亞洲地區	201,676,912	200,709,038	229,711,710	240,832,172	232,025,022
歐洲地區	25,963,548	26,220,511	29,155,390	31,277,632	29,775,996
北美洲	36,904,537	35,565,085	39,147,461	42,030,102	48,651,805
中美洲	3,192,414	2,866,578	3,087,603	3,340,014	3,609,725
南美洲	2,777,697	2,290,569	2,629,916	2,749,248	2,326,698
中東	7,000,397	5,942,396	6,399,605	5,955,462	5,270,802
非洲	2,453,055	1,920,842	1,878,283	2,106,411	2,117,012
大洋洲	4,262,226	3,843,971	4,043,090	4,234,865	4,009,841
總計	285,343,561	280,321,369	317,249,072	334,007,338	329,335,646

資料來源：財政部，資策會 MIC 經濟部 ITIS 研究團隊整理，2020 年 9 月

在工業生產指數方面，以 2016 年為基期，2019 年工業生產指數為 114.24，為歷年最高，工業生產動能呈現上升的情況。

在資通訊產業方面，主因受美中貿易摩擦影響，伺服器、網通設備零件廠商提高國內產能因應國際訂單的轉單，同時關鍵零組件，如 MLCC 受到缺貨的影響表現相對較佳。

隨著美中貿易摩擦升級，全球經濟成長動能放緩，將影響消費性電子的需求，間接將抑制臺灣製造業生產動能，而雲端運算、資料中心、人工智慧、物聯網、車用電子、金融科技等新興科技應用持續擴展，可望挹注我國製造業生產動能的提升。

展望 2020 年，根據主計總處預測，經濟成長率相較於 2019 年預測數字上修至 2.72%，當前國際市場上存在許多潛在的風險與挑戰，包括美中走向保護主義、貿易戰的擴散效應、債務與地緣政治、各國貨幣政策等經濟議題等，都可能對臺灣的經貿活動產生衝擊。中國大陸供應鏈自主化戰略、以及兩岸政治關係則可能對臺灣造成國際出口之替代排擠效應、人才流失等足以動搖國本之問題，為此

臺灣需審慎以對，進行產業升級的同時運用策略智慧因應國際情勢變動，以掌握先機、再創榮景。

表 1-6　臺灣工業生產指數

項目／年	2015	2016	2017	2018	2019
工業生產指數	98.07	100.00	105.00	108.83	114.24
礦業及土石採取業	110.70	100.00	98.00	94.42	97.35
製造業	98.13	100.00	105.27	109.41	115.71
電力及燃煤供應業	96.68	100.00	102.22	102.62	97.41
用水供應業	99.50	100.00	101.30	101.39	102.46

資料來源：行政院主計處，資策會 MIC 經濟部 ITIS 研究團隊整理，2020 年 9 月

二、產業關聯重要指標

（一）國際重要資訊指標

1. IMD 全球數位競爭力排名

長期以來，瑞士洛桑國際管理學院（International Institute for Management Development, IMD），每年發布的全球數位競爭力評比報告不僅受到國際重視，亦是重要參考指標。有鑑於資通訊科技發展與應用，常被視為提升國家競爭力的關鍵，洛桑國際管理學院著手建置一評估架構，以完整的分析構面與指標來衡量各國之「數位競爭力」（World Digital Competitiveness Ranking, DCR）。DCR 的分析架構大致分為三大面向，第一、知識指數（Knowledge）：評估項目包括人才、教育訓練與科技知識的滲透度；第二、科技指數（Technology）：評估項目包括管制框架、科技資本相關以及科技的可用性；第三、未來準備狀態（Future Readiness）：評估項目包括科技採用態度、商務靈活性與資訊科技整合性。目前 IMD 的全球數位競爭力排名可謂全球最具代表性的國家資通訊競爭力指標。根據 2020 年發布之 2019 年評比結果，美國的數位競爭力在全球 143 個國家中排名第 1，維持領先地位。其次如同 2018 年為新加坡、瑞典。

臺灣則排名第 13，較 2018 年上升 3 個名次，顯示臺灣近年致力推動提升國家資通訊競爭力頗具成效。其他名次上升較多者，包括韓國與阿拉伯聯合大公國，韓國由 2018 年的第 14 名上升 4 名至 2019 年的第 10 名，阿拉伯聯合大公國則由 2018 的第 17 名上升 5 名至 2019 年的第 12 名。反觀排名下降較多者，則包括英國和奧地利下降 5 名及以色列下降 4 名。日本 2019 年排名第 23 名，較 2018 年第 22 名下降 1 名。

表 1-7　2018-2019 年全球數位競爭力排名前 20 名國家與名次變化

國家／年	2018 名次	2019 年名次	2019 年分數	名次變化
美國	1	1	100.00	-
新加坡	2	2	99.37	-
瑞典	3	3	96.07	-
丹麥	4	4	95.23	-
瑞士	5	5	94.65	-
荷蘭	9	6	94.26	▲3
芬蘭	7	7	93.73	-
香港	11	8	93.69	▲3
挪威	6	9	93.67	▼3
韓國	14	10	91.30	▲4
加拿大	8	11	90.84	▼3
阿拉伯聯合大公國	17	12	90.30	▲5
臺灣	16	13	90.19	▲3
澳洲	13	14	88.90	▼1
英國	10	15	88.69	▼5
以色列	12	16	86.37	▼4
德國	18	17	86.22	▲1
紐西蘭	19	18	86.03	▲1
愛爾蘭	20	19	85.86	▲1
奧地利	15	20	84.47	▼5

資料來源：IMD，資策會 MIC 經濟部 ITIS 研究團隊整理，2020 年 9 月

2. Waseda 電子化政府評比

電子化政府（e-Government）的發展程度可反映出一國公共行政服務的便利性，並透露出國家資訊素養的高低。為了評估各國政府電子化程度，日本早稻田大學（Waseda University）近十年與亞太經濟合作會議（Asia-Pacific Economic Cooperation, APEC）合作發展相關評比指標，對各國電子化政府的推動情形作出完整評比，並為各國政府電子化程度評分。

根據 2018 年發布的評比結果，丹麥超越新加坡成為第 1，評分達 94.82；新加坡排名第 2，評分達 93.84；美國位居第 3，評分達 91.92；英國與愛沙尼亞分別占據第 4 名與第 5 名，評分分別為 91.13 及 90.34；臺灣則爬升至第 9 名，評分為 80.38。持續保持全球前 10 名之列，足見近年臺灣發展國家資訊素養與電子化政府的努力。

表1-8 2014-2018 年全球電子化政府程度評比前 10 名國家

名次	2014	2015	2016	2017	2018	評分
1	美國	新加坡	新加坡	新加坡	丹麥	94.82
2	新加坡	美國	美國	丹麥	新加坡	93.84
3	韓國	丹麥	丹麥	美國	英國	91.92
4	英國	英國	韓國	日本	愛沙尼亞	91.13
5	日本	韓國	日本	愛沙尼亞	美國	90.34
6	加拿大	日本	愛沙尼亞	加拿大	韓國	85.50
7	愛沙尼亞	澳洲	加拿大	紐西蘭	日本	84.49
8	芬蘭	愛沙尼亞	澳洲	韓國	瑞典	81.70
9	澳洲	加拿大	紐西蘭	英國	台灣	80.38
10	瑞典	挪威	英國、台灣	台灣	澳洲	80.25

資料來源：Waseda University、International Academy of CIO，資策會 MIC 經濟部 ITIS 研究團隊整理，2020 年 9 月

第一章 總體經濟暨產業關聯指標

（二）臺灣重要資訊指標

1. 廠商家數

根據財政部統計處之營利事業家數資料／數據顯示，2018 年符合資策會 MIC 資訊軟體暨服務廠商家數約 12,680 家。來到 2019 年，在數位轉型需求升溫、新興科技應用逐漸成熟的情況下，人工智慧（Artificial Intelligence, AI）、金融科技（Financial Technology, FinTech）及物聯網（Internet of Things, IoT）等應用場景和產品加速落地，持續推升臺灣整體資訊軟體暨服務廠商家數成長，2019 年臺灣整體資訊軟體暨服務廠商家數達到 13,518 家。

表 1-9　2015-2019 年臺灣資訊軟體暨服務業廠商家數

	2015	2016	2017	2018	2019
廠商家數（仟家）	10.52	11.2	11.95	12.68	13.55

資料來源：資策會 MIC 經濟部 ITIS 研究團隊整理，2020 年 9 月

2. 對 GDP 的貢獻度

近年臺灣資訊及通訊服務業業者整體營收表現呈現小幅下降，綜觀 2015 年至 2019 年臺灣資訊軟體暨服務產業對我國 GDP 貢獻度，從 2.93%上升至 3.05%，但在企業數位轉型需求、資訊安全、新科技應用場景的系統需求驅動下，2020 年資訊軟體暨服務產業對臺灣 GDP 貢獻度可望進一步提升。

表 1-10　2015-2019 年臺灣資訊軟體暨服務業對 GDP 貢獻度

	2015	2016	2017	2018	2019
對 GDP 貢獻度（%）	2.93%	2.91%	2.84%	2.68%	3.05%

資料來源：資策會 MIC 經濟部 ITIS 計畫，2020 年 9 月

3. 就業人數

2019 年臺灣資訊軟體暨服務產業部分業者營收持續成長，由於人工智慧、金融科技與雲端服務市場動能持續延燒，加上數位轉型需求持續發酵，有助於提高資訊軟體暨服務廠商招募新員工的意願。此外，隨著行動應用軟體與手機遊戲、手機影音等風潮興起，吸引不少新創公司、團體加入軟體開發行列，政府擴大培育軟體人才亦促成 2019 年資訊軟體暨服務產業就業人數上升，2019 年臺灣資訊軟體暨服務產業就業人數達 26.2 萬人。

表 1-11　2015-2019 年臺灣資訊軟體暨服務業就業人數

	2015	2016	2017	2018	2019
就業人數（仟人）	247	249	249	258	262

資料來源：資策會 MIC 經濟部 ITIS 研究團隊整理，2020 年 9 月

4. 勞動生產力

此處勞動生產力指的是臺灣資訊軟體暨服務業生產總額除以就業人數所得到的數據，而生產總額則是以臺灣資訊軟體暨服務產業的總營收（產值）為計算基準。據估計，近年的勞動生產力逐步走升，至 2019 年約達 2,33.5 萬元新臺幣。

表 1-12　2015-2019 年臺灣資訊服務暨軟體業勞動生產力

	2015	2016	2017	2018	2019
勞動生產力（仟元）	2,528	2,229	2,305	2,267	2,335

資料來源：資策會 MIC 經濟部 ITIS 研究團隊整理，2020 年 9 月

第二章 資訊軟體暨服務市場總覽

　　資訊軟體暨服務市場，依據其中產品功能與服務提供的模式，可分為資訊服務與資訊軟體二大區隔。資訊服務係指於資訊科技領域中，為用戶提供專業之基礎架構服務、開發部署服務、商業流程服務、顧問諮詢服務、軟體支援服務與硬體維運服務等全方面服務，主要以服務提供之價值獲取營收。而資訊軟體則是提供用戶所需之軟體產品，包括企業用戶所使用之應用軟體、資訊安全、資料庫、開發工具等軟體，消費大眾所使用的生產力、遊戲、行動應用、影音工具、系統軟體、應用軟體與工具軟體等。

　　資訊服務市場定義與範疇，以服務模式分類，可分為系統整合、與資料處理。系統整合之核心範疇主要專注於企業用戶之資訊系統的基礎架構、開發部署、商業流程等開發與建置服的服務。其中又包含顧問諮詢服務，主要針對企業做財務管理、風險管理與企業策略管理等經營面的商業顧問諮詢，以及與資訊科技或資訊系統直接相關的系統顧問諮詢。資料處理是指資訊服務廠商以契約簽訂形式，協助企業進行資料備份、回覆、資料重複備份及網站代管等業務，包含入口網站經營、資料處理、主機及網站代管、雲端服務等。

表 2-1 資訊軟體暨服務市場主要分類與定義

市場	區隔	次區隔
資訊服務	系統整合	根據使用者需求，提供具專案特性之客製化資訊服務，其範疇包括從前端規劃、設計、執行、專案管理到後續顧問諮詢服務及資訊系統整合服務等。此類服務通常為專案形式進行，具高客製化特性，包含不同平台與技術整合，並透過合約定義專案範疇與規格
資訊服務	委外與雲端服務	資訊服務廠商以契約簽訂形式，協助企業進行資料備份、回覆、資料重複備份及網站代管等業務，包含入口網站經營、資料處理、主機及網站代管、雲端服務等
資訊軟體	軟體設計	涵蓋企業與大眾應用之相關應用軟體設計、修改、測試等服務，應用於金融、醫療、流通業等行業，例如商業智慧、企業資源規劃（ERP）、顧客關係管理（CRM）、資訊安全等
資訊軟體	軟體經銷	從事作業系統軟體、應用軟體、套裝軟體與遊戲軟體之銷售與相關軟體的教育訓練，並協助客戶與消費者能夠使用其代理銷售的軟體

資料來源：資策會 MIC 經濟部 ITIS 研究團隊整理，2020 年 9 月

表 2-2 資訊服務市場定義與範疇

資訊服務	次區隔	定義與範疇
系統整合	系統設計	提供用戶對於資訊系統之需求分析與功能設計服務
系統整合	系統建置	依據資訊系統規格，提供系統之實作、測試、修改或汰換等服務
系統整合	顧問諮詢	提供用戶對於資訊系統之導入評估與諮詢服務
系統整合	其他服務	從事上述以外之電腦系統設計服務，如電腦災害復原處理、軟體安裝等
資料處理	網站經營	利用搜尋引擎，以便網際網路資訊搜尋之網站經營，例如定期提供更新內容之媒體網站、網路搜尋服務等
資料處理	資料處理及主機代管	從事以電腦及其附屬設備，代客處理資料之行業，例如雲端服務、資料登錄、網站代管及應用系統服務

資料來源：資策會 MIC 經濟部 ITIS 研究團隊整理，2020 年 9 月

第二章　資訊軟體暨服務市場總覽

　　資訊軟體市場可分為軟體設計與軟體經銷。軟體設計涵蓋企業與大眾應用之相關應用軟體設計、修改、測試等服務，應用於金融、醫療、流通業等行業，例如商業智慧、企業資源規劃（ERP）、顧客關係管理（CRM）、資訊安全等。軟體經銷係指從事作業系統軟體、應用軟體、套裝軟體與遊戲軟體之銷售與相關軟體的教育訓練，並協助客戶與消費者能夠使用其代理銷售的軟體。

　　軟體係指安裝與運行於資通訊裝置之中，用以操控硬體功能，處理企業、大眾或系統所需資訊之程式。軟體產品市場之定義與範疇當中的區隔分別為企業解決方案、大眾套裝軟體，以及嵌入式軟體。其中企業解決方案之核心範疇主要專注於企業用戶之資訊系統的基礎架構、開發部署、商業流程等開發與建置所需的軟體。商用軟體主要安裝於伺服器主機，提供各行業企業管理所需要的應用方案。例如行業別軟體、企業資源規劃、客戶關係管理、產品研發、財會、進銷存、生產、薪資、整合溝通、網路管理、文件管理等。

　　資訊安全軟體提供資訊或系統讀取、儲存、傳遞等安全防護，以及藉由資訊安全產品為基礎所提供之加值應用服務，例如防毒、入侵偵測、加解密、網路通訊、文件安全管理等軟體。資料庫系統為提供數據或文件之儲存、搜尋與管理之軟體；開發工具為提供程式設計、撰寫、測試、編譯、部署與管理之工具軟體。套裝軟體之使用者主要為消費者，生產力軟體為安裝於個人終端，提升工作效率之軟體，例如文書、簡報、試算表、理財、統計、翻譯、輸入法等；遊戲軟體安裝於終端裝置，例如電腦遊戲、電視遊戲、掌上遊樂等；行動應用 APP 為安裝於手機與平板的應用軟體，透過網路下載與付費使用。

表 2-3 資訊軟體市場定義與範疇

資訊軟體	次區隔	定義與範疇
軟體設計	程式設計	從事電腦軟體之設計、修改、測試及維護
	網頁設計	提供網頁設計之服務
軟體經銷	遊戲軟體	線上遊戲網站經營
	軟體經銷	包括非遊戲軟體經銷，如作業系統軟體、應用軟體、套裝軟體等經銷

資料來源：資策會 MIC 經濟部 ITIS 研究團隊整理，2020 年 9 月

一、全球市場總覽

依據前述的資訊軟體暨服務市場定義與範疇，以下將分析全球市場規模與發展趨勢，並剖析全球資訊服務暨軟體大廠之發展動態。

（一）市場趨勢

綜觀全球資訊軟體暨服務市場，預估市場規模將由 2019 年的 1.6 兆美元成長至 2023 年的 2.1 兆美元，年複合成長率 6%。

第二章　資訊軟體暨服務市場總覽

	2019	2020(e)	2021(f)	2022(f)	2023(f)	CAGR
資訊軟體	7,331	7,709	8,320	8,891	9,521	6.8%
資訊服務	9,561	10,023	10,564	11,139	11,774	5.3%
Total	16,892	17,732	18,884	20,030	21,295	6.0%
成長率	4.6%	5.0%	6.5%	6.1%	6.3%	

資料來源：資策會 MIC 經濟部 ITIS 研究團隊整理，2020 年 9 月

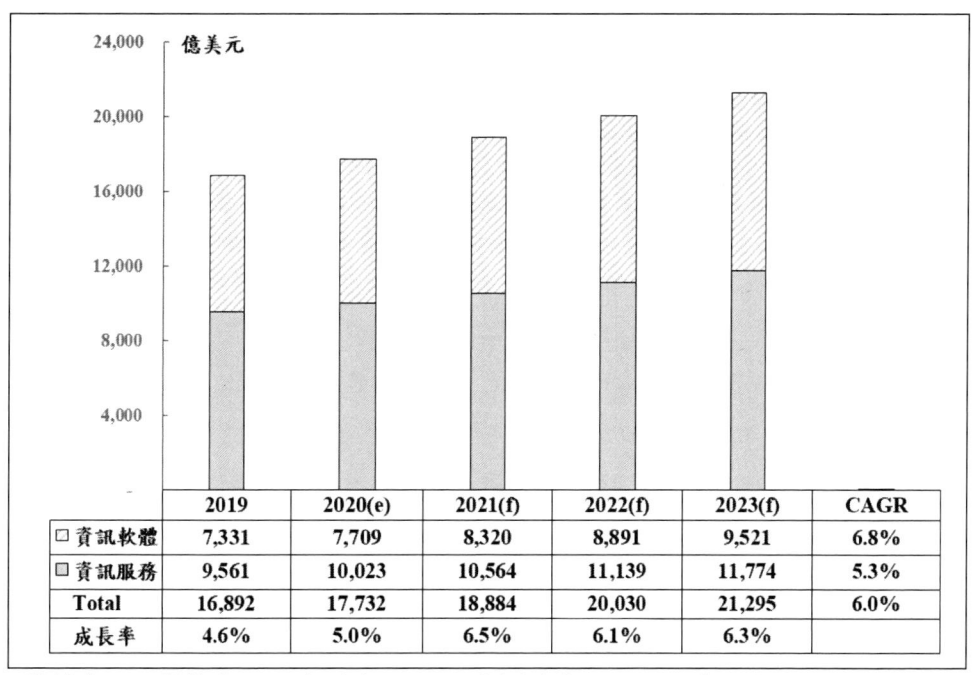

圖 2-1　全球資訊軟體暨服務市場規模

1. 資訊服務市場規模

全球資訊服務市場規模方面，雖然近年全球政經局勢動盪，但由於主要市場之政府與企業仍需持續發展業務，加之近年數位轉型發酵，推升資訊科技基礎建設以及資訊服務需求，使全球資訊服務市場規模穩定成長。

此外新興資通訊應用發展亦有助於推動全球資訊服務市場規模持續成長，其中雲端運算與巨量資料應用仍扮演主要角色，而物聯網應用則可望接棒成為下一波資訊服務市場主要成長動能。根據 MIC 預估，全球資訊服務市場規模將由 2019 年的 9,561 億美元成長至 2023 年的 11,774 億美元，年複合成長率為 5.3%。

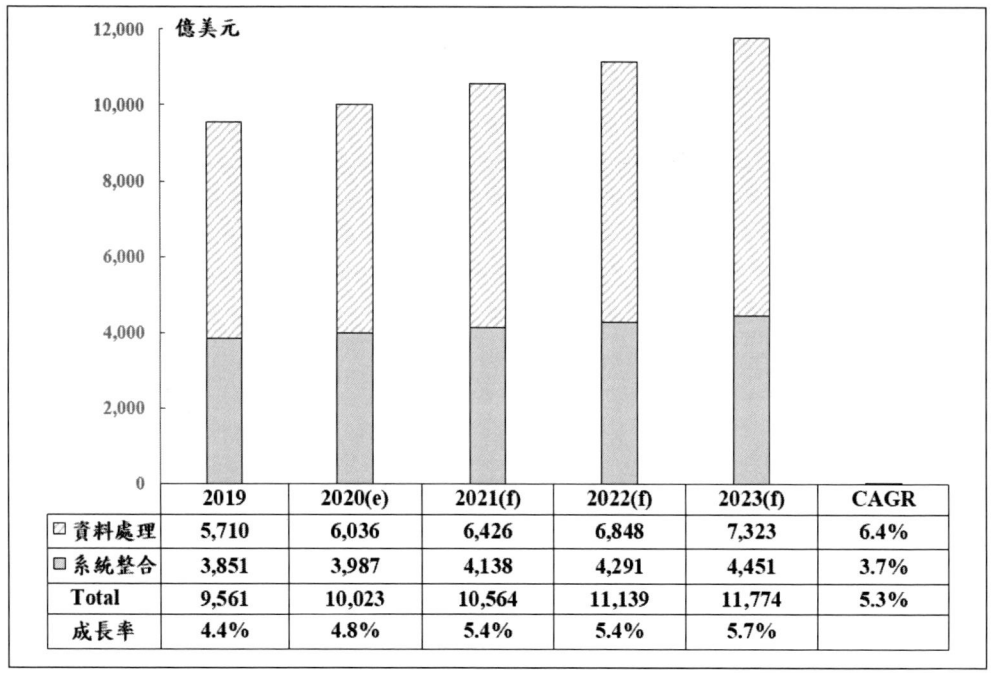

	2019	2020(e)	2021(f)	2022(f)	2023(f)	CAGR
資料處理	5,710	6,036	6,426	6,848	7,323	6.4%
系統整合	3,851	3,987	4,138	4,291	4,451	3.7%
Total	9,561	10,023	10,564	11,139	11,774	5.3%
成長率	4.4%	4.8%	5.4%	5.4%	5.7%	

資料來源：資策會MIC經濟部ITIS研究團隊整理，2020年9月

圖 2-2 全球資訊服務市場規模

(1) 系統整合市場規模

系統整合市場方面，在各種新興應用與服務驅動下，企業數位轉型預估將影響未來數年系統整合市場發展，整體系統整合市場走向亦逐漸由提供單一軟硬體科技的建置服務，轉為協助企業達成數位轉型的整體科技規劃服務。

根據MIC估計，全球系統整合市場將由2019年的3,851億美元成長至2023年的4,451億美元，年複合成長率為3.7%。呈現平穩成長趨勢。其中各分項之複合成長率，以顧問諮詢最高，為5.6%；其次為系統設計之4.6%。系統建置則為2.1%。

第二章　資訊軟體暨服務市場總覽

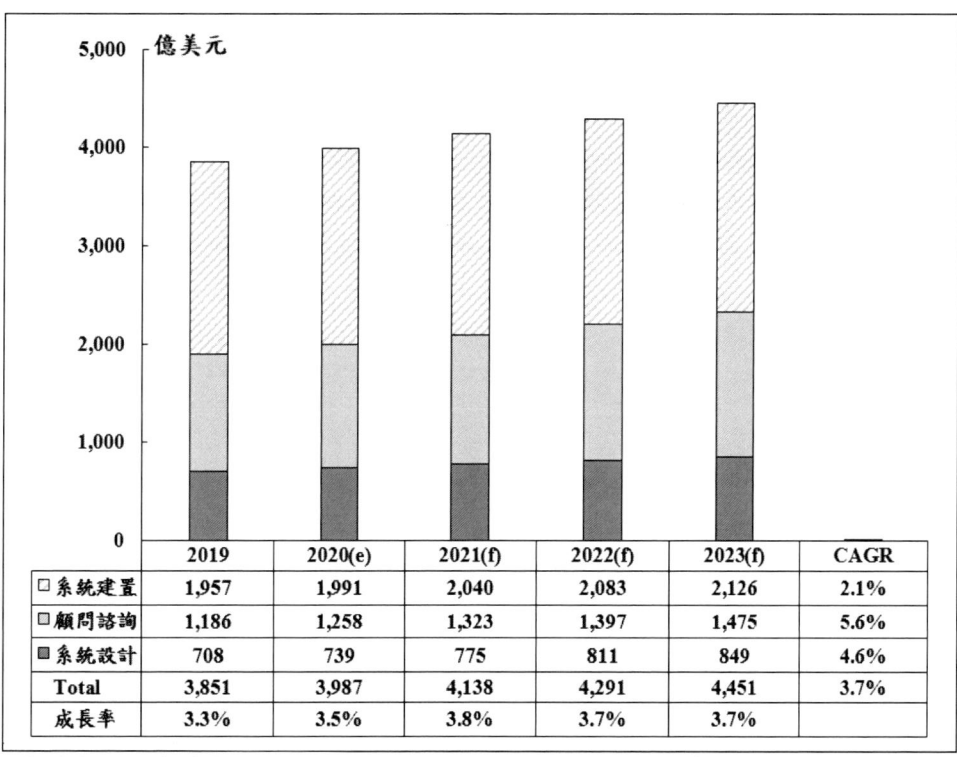

	2019	2020(e)	2021(f)	2022(f)	2023(f)	CAGR
系統建置	1,957	1,991	2,040	2,083	2,126	2.1%
顧問諮詢	1,186	1,258	1,323	1,397	1,475	5.6%
系統設計	708	739	775	811	849	4.6%
Total	3,851	3,987	4,138	4,291	4,451	3.7%
成長率	3.3%	3.5%	3.8%	3.7%	3.7%	

資料來源：資策會 MIC 經濟部 ITIS 研究團隊整理，2020 年 9 月

圖 2-3　全球系統整合市場規模

(2) 資料處理市場規模

　　資料處理市場包含委外與雲端，隨著雲端服務持續擴張發展之下，企業對雲端服務的接受度日漸增長，將取代基礎建設及應用軟體委外服務，全球資料處理市場規模將由 2019 年的 5,170 億美元成長至 2023 年的 7,323 億美元，年複合成長率為 6%。

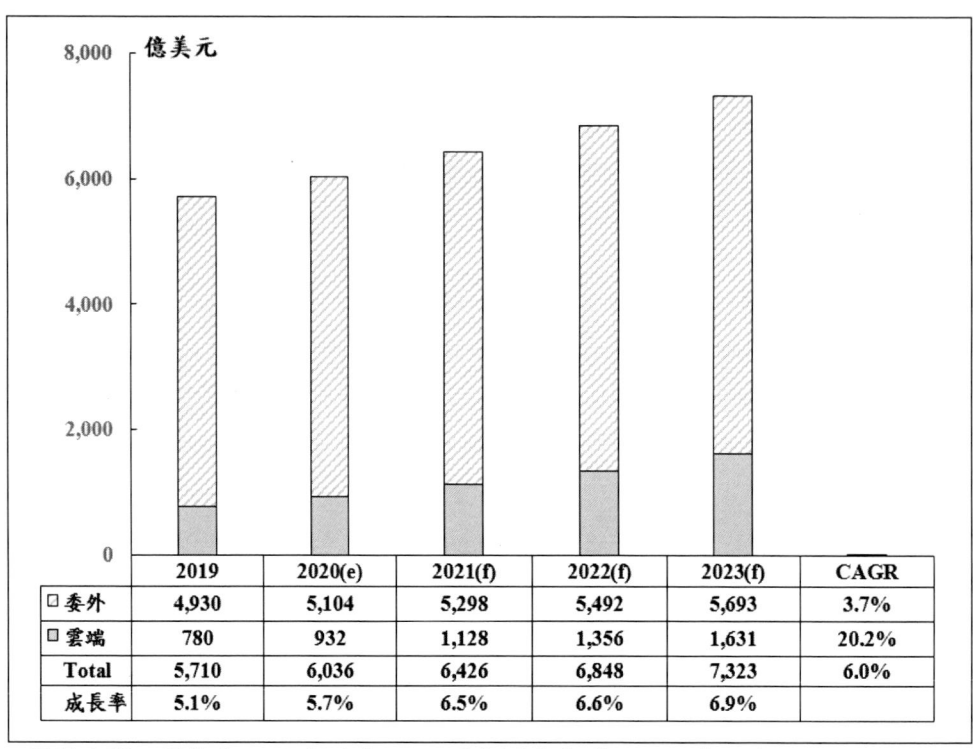

	2019	2020(e)	2021(f)	2022(f)	2023(f)	CAGR
委外	4,930	5,104	5,298	5,492	5,693	3.7%
雲端	780	932	1,128	1,356	1,631	20.2%
Total	5,710	6,036	6,426	6,848	7,323	6.0%
成長率	5.1%	5.7%	6.5%	6.6%	6.9%	

資料來源：資策會 MIC 經濟部 ITIS 研究團隊整理，2020 年 9 月

圖 2-4 全球委外服務市場規模

2. 軟體市場規模

　　全球軟體市場規模方面，傳統企業解決方案隨著雲端服務發展，需求成長恐逐漸趨緩。大眾套裝軟體則仰賴行動應用軟體的快速推陳出新，持續維持高幅度成長。受惠於物聯網的應用發展，各種感測裝置與智慧聯網的中介軟體需求升溫，規模成長可望持續擴大。根據 MIC 預估，全球軟體市場規模將由 2019 年的 7,331 億美元成長至 2023 年的 9,521 億美元，年複合成長率為 6.8%。

第二章 資訊軟體暨服務市場總覽

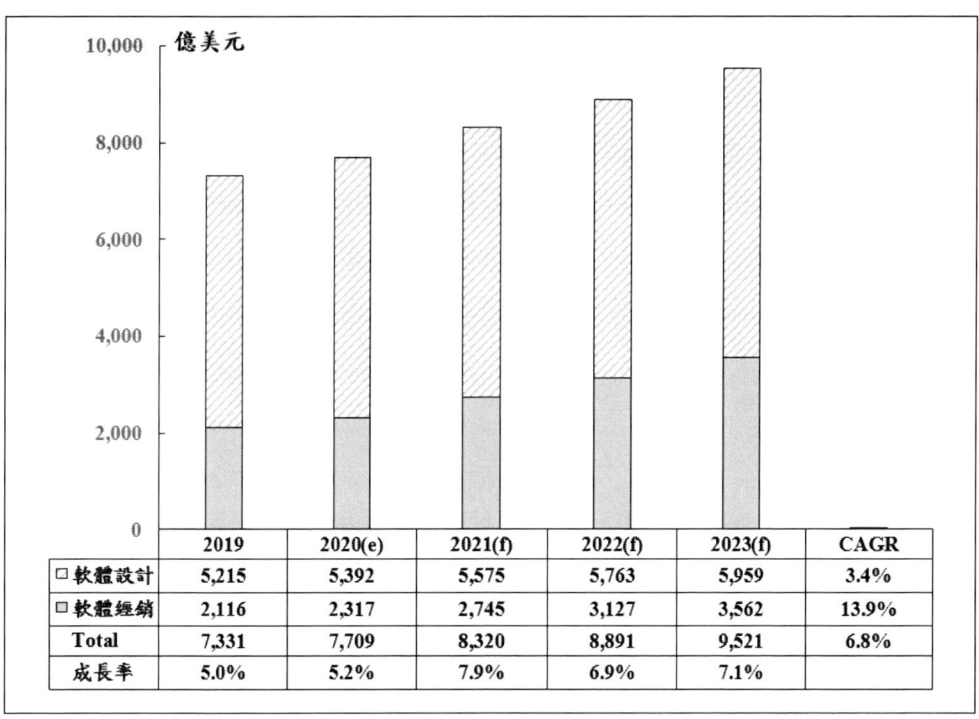

	2019	2020(e)	2021(f)	2022(f)	2023(f)	CAGR
軟體設計	5,215	5,392	5,575	5,763	5,959	3.4%
軟體經銷	2,116	2,317	2,745	3,127	3,562	13.9%
Total	7,331	7,709	8,320	8,891	9,521	6.8%
成長率	5.0%	5.2%	7.9%	6.9%	7.1%	

資料來源：資策會 MIC 經濟部 ITIS 研究團隊整理，2020 年 9 月

圖 2-5 全球軟體市場規模

（二）大廠動態

1. HPE

惠普企業（Hewlett-Packard Enterprise Company，HPE）創立於 2015 年，總部位於美國加州聖塔克拉拉郡的帕羅奧圖市（Palo Alto），2019 年營收約 291 億美元。

惠普企業由惠普（Hewlett-Packard Development Company，HP）分拆而來，HP 是全球電腦、印表機、資料儲存、數位影像以及資訊服務的領導廠商，主要優勢在於其產品與服務橫跨企業與消費者，其中企業資料儲存、數位影像與列印雖然不是其營收最大的事業單位，但因具備高度競爭力，仍在全球占有舉足輕重的地位。

2015 年 11 月，HP 將公司一分為二，分拆為 HPI（HP Inc.）與 HPE，並由 HPI 負責硬體的開發與銷售，包括個人電腦與印表機，HPE 則專注在雲端與伺服器相關的企業軟硬體解決方案，包括伺服器、儲存設備、網通設備及相關的資訊顧問服務。

觀察 HPE 近年動態，積極透過部門分拆與併購重組產品部門、改善資源運用效率與競爭力。2019 年 5 月 HPE 宣布併購超級電腦先驅 Cray，同年 8 月宣布併購雲端大數據平台服務供應商 MapR。

2020 年 2 月 HPE 宣布併購雲端安全新創 Scytale，增加雲端大數據和雲端安全的實力，7 月宣布併購軟體定義廣域網路業者 Silver Peak，並預計在 2020 年第 4 季完成收購。

HPE 將逐漸轉型為服務公司，並於 2022 年前透過訂閱服務、以量計價及其他形式提供產品組合，並持續以資本支出與授權模式提供軟硬體產品，讓客戶自由選擇以傳統方式或服務形式使用 HPE 產品與服務。

針對 COVID-19 的疫情，HP 在 2020 年 3 月宣佈將其 3D 印表機產品客戶，利用 3D 列印技術生產口罩、面罩、開門裝置，甚至包含陽春版的呼吸裝置，以因應日益緊張的醫療物資與器材需求。

2. Microsoft

微軟（Microsoft）創立於 1975 年，總部位於美國華盛頓州雷德蒙德市（Redmond）。為全球軟體領導廠商，業務涵蓋研發、製造、授權以及提供廣泛的電腦軟體服務，並以個人電腦作業系統 Microsoft Windows、生產力應用程式 Microsoft Office 以及 XBOX 遊戲業務聞名。根據美國財富雜誌於 2019 年全球最大 500 家公司評選中，微軟排行第 60 名。

2019 年與商業軟體及服務相關營收約 1,258 億美元，年營收成長率約 14%，主要來自於雲端服務與伺服器產品服務的成長。近年來隨著雲端運算興起，Microsoft 的營運模式亦逐漸

轉變為以雲端服務模式為主。不僅改變 Microsoft 的通路布局策略,由過去實體套裝軟體的銷售模式,改由網路平台提供 Microsoft 自家雲端服務給終端使用者,交易模式亦從實體交易轉變為虛擬訂購,而過去負責銷售的代理經銷商,也將轉型為雲端通路開發商,負責協助企業導入雲端的顧問諮詢服務。

Microsoft 透過其主要的雲端服務 Windows Azure 建立起完整的生態系,企業若要使用 Azure,必須使用 Microsoft 的雲端資料中心才能執行自行開發的應用程式。對於企業而言優點是只需要專心在開發程式,而 Microsoft 會負責架構中軟硬體的管理維護工作,屬於雲端服務分類中的平台即服務(PaaS)類型。在作業系統之上,Microsoft 則打造 Azure 服務平台,提供模組化的服務,包括 SQL Services、Share Point Services、Dynamics CRM Services。Microsoft 將這些既有的服務整合到 Azure 平台,提供完整的雲端運算平台服務。在 SaaS 方面,Microsoft 把服務整合在雲端辦公室解決方案 Windows Office 365,可在直接在雲端中使用 Office,方便使用者在各種裝置上存取電子郵件、行事曆、連絡人管理,或透過雲端通訊服務舉行線上會議、建立協同合作網站。

觀察 Microsoft 近年重要發展動態,2018 年併購原始碼代管平台 GitHub,同年宣布跟 Adobe、SAP 合作推出「Open Data Initiative」計畫,主要是讓企業能把客戶資料透過微軟的雲端服務 Azure 的數據模型,讓資料可在不同平台中流通。

2019 年除了與 CRM 龍頭 Salesforce 合作外,也持續完善 Azure 的功能並獲得 AT&T 和美國國防部政府雲的合約。2019 年 9 月微軟宣布收購雲遷移技術提供商 Movere,協助用戶無縫進行雲端遷移,2020 年宣布推出自己的雲端遊戲平台 Project xCloud.

隨著雲端服務朝向越來越專業化發展,微軟也開始投入顧問服務的發展,與具有特定產業領域專業知識的系統整合商或服務供應商合作,提供更貼近產業需求的解決方案,具體作法

是成立新的顧問服務部門（Customer Experience and Success, CE&S），此部門將整合原有的企業支援、客戶服務與支援部門。此外，微軟也將成立顧問服務，新的顧問服務包含 Azure Cloud、AI、商業應用（如 Dynamic 365）、辦公應用（如 Microsoft 365）等，新的部門預計在 2020 年 7 月開始營運。

為了對抗 COVID-19 疫情，微軟在 2020 年 3 月推出了 Bing COVID-19 Tracker 新冠病毒追蹤器的全球疫情追蹤入口網站，該網站透過整合美國疾病管制與預防中心、歐盟疾病管制局、維基百科和世界衛生組織（World Health Organization, WHO）等資訊來源，協助民眾掌握最真實的疫情資訊。

3. IBM

國際商業機器股份有限公司（International Business Machines Corporation, IBM）創立於 1911 年，總部位於美國紐約州的阿蒙克市（Armonk），擁有將近 40 萬名員工，市值超過 1,000 億美元。IBM 挾其在軟硬體的強大研發與併購能量，加上全球綿密的行銷網路，成為全球數一數二的資訊軟體與服務領導業者，2019 年 IBM 全球資訊軟體暨服務相關營收約達 772 億美元。

IBM 生產並銷售電腦硬體與軟體，同時結合系統整合以及顧問諮詢服務發展完整的解決方案。除了自行研發與製造，IBM 亦挾其營收規模，持續對具有特定優勢的廠商或事業單位進行併購，以擴大其營運領域或提高其競爭力。觀察 IBM 近期重要併購方向，主要是以雲端為基礎的商業智慧以及資訊安全等領域，可以看出 IBM 轉型為雲端服務公司的策略目標。

為搶攻雲端運算大餅，IBM 於 2019 年以 340 億美元併購開源軟體公司紅帽（Red Hat），進一步鞏固在雲端市場的地位，希望透過紅帽的加持，能獲得與亞馬遜、微軟這些雲端領先者競爭的能力。

第二章　資訊軟體暨服務市場總覽

2020 年，IBM 與 Adobe、紅帽宣布成為戰略夥伴，幫助企業提供更個人化的體驗已加速數位轉型。

為了協助對抗 COVID-19 疫情，IBM 推出了區塊鏈醫療解決方案 Rapid Supplier Connect，協助政府及醫療機構能夠辨識醫療供應鏈中的新供應商，解決醫療設備短缺問題，此外，IBM 以創始成員的身分加入 Open COVID Pledge 聯盟，並開放數千項 AI 專利，包括 Watson 技術，及目前在美國受保護的生物病毒綜合領域專利，此授權計畫自 2019 年 12 月 1 日起生效，在世界衛生組織（WHO）宣布疫情大流行結束後，仍可持續授權一年。

4. Oracle

甲骨文股份有限公司（Oracle）創立於 1977 年，總部位於美國加州紅木城的紅木岸（Redwood Shores），為全球最大的資料庫公司，並以全球第一個商業化的關聯式資料庫系統聞名。除了關聯式資料庫系統，Oracle 也提供企業資源規劃（Enterprise Resource Planning, ERP）等商用軟體，2019 年 Oracle 與資訊服務及軟體相關營收約 395 億美元。

Oracle 的產品架構大致延伸自 2000 年所確立的商用套裝軟體、中介軟體、資料庫產品的主軸，並結合 2010 年併購的 Sun Microsystems 的 OS／Hardware 的產品，成為軟體與硬體兼備的產品架構。其中，中介軟體 WebLogic Server 為主軸，結合 Sun Micro Java 相關的 Virtual Machine 技術開發資料庫與元件。資料庫則以原本 Oracle 的資料庫系統為基礎，並進一步與 Sun Micro 的 SPARC 作業系統及硬體結合。

面對巨量資料分析風潮，Oracle 推出 Oracle Advanced Analytics 平台，提供全面性即時分析應用，可協助企業用戶觀察和分析關鍵性的業務資料，例如客戶流失預測、產品建議與欺詐警示等。在協助使用者提高資料分析的效率，同時保障企業資料安全。除此之外，隨著企業逐步導入雲端運算與巨量資料應用，傳統資料庫儲存結構逐漸無法滿足企業在巨量資料的

儲存與查詢，為此 Oracle 將新一代資料庫產品的開發方向，設計成專為處理雲端資料庫整合，可協助使用者有效率的管理巨量資料、降低儲存的成本、簡化巨量資料分析並提高資料庫效能，同時針對資料提供高度的安全防護。

此外，Oracle 亦積極布局雲端產業，觀察其近年重要發展動態，甲骨文於 2019 年併購 CrowdTwist，增強其在 CRM 和客戶服務的雲端實力，並推出雲端無伺服器服務 Oracle Functions 讓企業用戶不須介入運算、網路基礎架構的維運工作，開發者只需專注功能開發，即使服務流量增加，系統也會自動進行水平擴充。2020 年 1 月，Oracle 宣布併購藥物安全監控與回報系統的供應商 NetForce，未來 Oracle 套裝軟體將可延伸至生命科學產業，包含臨床試驗與售後監督。為了讓企業可在自家資料中心內部署 Oracle 雲端產品，Oracle 在 2020 年 7 月推出 Autonomous Database on Exadata Cloud＠Customer 自動化的資料庫管理服務，鎖定 AWS 及 Microsoft Azure 的解決方案，主打整合多種資料庫，並支援機器學習等功能。

為了協助對抗 COVID-19 疫情，Oracle 為現有使用人力資本管理雲（Oracle Human Capital Management Cloud, HCM Cloud）的客戶提供員工健康和安全（Workforce Health and Safety）解決方案，此外，Oracle 還建立了 COVID-19 治療學習系統並將其捐贈給美國政府，使醫生和患者可以記錄 COVID-19 藥物治療的有效性。

5. Accenture

埃森哲（Accenture），其前身為 Andersen Consulting，創立於 1989 年，總部位於愛爾蘭都柏林（Dublin），是全球顧問諮詢、系統整合與委外服務的領導業者。雖然 Accenture 的業務是以服務為主體，但 Accenture 也擅長將其服務與其他資通訊軟體及硬體產品進行整合，因此包括 Microsoft、Oracle、SAP 等資通訊產品大廠都將 Accenture 視為重要的策略合作夥伴。Accenture 的資訊服務模式可分為兩大類，第一類是期程較短

的個別專案，另一類則是期程較長的委外服務。其服務模式可以依照客戶的特性與所在的地理位置進行模組化組合，2019年 Accenture 全球淨收入達 432 億美元。2020 年的營收預計成長在 5%至 8%之間。Accenture 是《財富》全球 500 強企業之一，目前擁有約 49.2 萬名員工，服務於 120 多個國家的客戶。

Accenture 自 2015 年來持續針對具有特定優勢的廠商或事業單位進行併購，以擴大其營運領域與市場區域。近期較為顯著的併購策略方向是強化其在商業智慧、商業分析、數位行銷與世界各地企業諮詢方面的服務能量，目標是希望未來能透過新興的資通訊科技應用，提供企業客戶更有價值的系統整合與顧問服務，更加深入企業營運與決策流程，並多方著墨新興產業領域，如能源領域、金融科技與物聯網產業等。

2020 年 8 月，Accenture 宣布併購總部位於義大利 Turin 的系統整合商 PLM Systems，收購 PLM Systems 是 Accenture 整體策略的一部分，其目的在戰略性擴展關鍵技術和能力。這是繼併購加拿大 Callisto Integration、法國 Silveo 和愛爾蘭 Enterprise System Partners 後，Accenture 併購的第四家智慧製造諮詢、服務和解決方案供應商。此外，Accenture 為加強其工業 X.0 業務，而併購德國嵌入式軟體公司 ESR Labs、荷蘭產品設計和創新機構 VanBerlo、美國產品創新和工程公司 Nytec 以及德國戰略設計諮詢公司 designaffairs。

為了協助對抗 COVID-19 疫情，Accenture 與 Youchange Foundation 合作，向湖北省武漢市和黃岡市的七家醫院捐贈了 1800 套防護服，另外，Accenture 也協助總部設在美國馬薩諸塞州劍橋讀非營利性機構 Dimagi 改善關於 COVID-19 的 APP 功能，也使用 Amazon 的智能音箱和 Alexa 建立了一個新的語音頻道，以提供有關如何避免冠狀病毒傳染、如何協助鄰里更好地緩解疫情壓力或與紅十字會聯繫的資訊。

6. SAP

SAP 成立於 1972 年，總部設於德國沃爾多夫，是目前歐洲最大的軟體公司，同時亦是全球最大的商業應用、企業資源規劃（ERP）解決方案以及獨立軟體的供應商，在全球企業應用軟體的市場占有率超過 3 成，2019 年 SAP 資訊服務與軟體營收約 300 億美元。

早期 SAP 的產品主軸為 SAP CRM 以及 SAP ERP 等企業應用套裝軟體，其後隨著客戶對資料分析、後端整合的需求增加，開始發展 Business Objects 系列的企業分析軟體，以及 SAP Netweaver 中介軟體等。行動應用興起後，SAP 透過併購 Sybase，切入行動管理平台、行動解決方案以及行動資料庫管理系統等市場。直至今日，SAP 已經擁有資料庫軟體、中介軟體以及企業流程軟體，布局趨於完整。

觀察 SAP 近年的重要發展動態，以積極布局雲端服務為主要方向，包括結合合作夥伴的雲端基礎服務，如 Microsoft Azure、IBM Bluemix 等，透過與合作夥伴在雲端應用的合作與互通，由合作夥伴提供 IaaS、PaaS 等雲端基礎及平台服務，SAP 提供 SAP HANA 等企業雲應用服務，將 SAP 服務推廣到合作夥伴所在的主要市場。

2020 年 7 月，SAP 透過在美國公開募股的方式，出售旗下軟體服務部門 Qualtrics 的股權。Qualtrics 是用戶體驗管理市場領導者，此類軟體是一個龐大、快速增長且發展迅速的市場。SAP 打算保留 Qualtrics 的多數股權，這次公開募股的主要目的是希望強化 Qualtrics 自主權，並使其能夠擴大在 SAP 客戶群內以及其他客戶群，SAP 仍將是 Qualtrics 最大和最重要的上市及研發（R&D）合作夥伴，同時通過與 Qualtrics 建立合作夥伴關係並建立整個體驗管理生態系統。

為了協助對抗 COVID-19 疫情，SAP 提供 Qualtrics Remote Work Pulse 免費問卷功能，協助企業即時掌握員工遠距辦公狀況，並了解員工為了適應新工作所需要的支援，並開

放 SAP Ariba Discovery 給所有供應鏈的買家免費使用，也邀請所有夥伴在 SAP 社群，分享因應疫情而對企業免費或開放的解決方案。此外，SAP 贊助的 HPI Future SOC Labs 捐贈伺服器電源給史丹佛大學，並協助其模擬可能與疫苗開發有關的資訊。

7. Symantec

Symantec 成立於 1982 年，總部位於美國加州山景城（Mountain View），其核心的業務在於提供個人與企業用戶資訊安全、儲存與系統管理方面的解決方案，是全球資訊安全、儲存與系統管理解決方案領域的領導廠商，2019 年營收約 47 億美元。

在產品服務方面，Symantec 主要提供資訊安全與管理服務，並可以分為雲端安全防護產品、備援歸檔以及雲端儲存等功能，其中雲端安全產品包括 DLP（Data Loss Prevention）、CSP（Critical Systems Protection）、Endpoint Protection、Verisign 身分驗證服務等。Symantec 的資訊安全與管理服務為一整套的雲端安全解決方案，提供企業全方位的雲端資訊安全服務，涵蓋網路、儲存設備、端點系統等，達到監控、偵測、防護企業資料，保護企業虛擬機器與資產的目的。除了一般個人電腦，Symantec 的資訊安全與管理服務同時切入資安需求日漸增加的行動裝置市場，包括行動裝置的網路安全、檔案傳輸安全與裝置安全等。

觀察 Symantec 近期重要發展動態，在 2019 年 8 月，通訊晶片大廠博通（Broadcom）以 107 億美元現金（約新臺幣 3,383 億元），收購 Symantec 的企業安全業務，而 Symantec 仍然保有消費性安全產品，包括身分防護服務 LifeLock 及 Norton 防毒軟體。2020 年 1 月，博通宣布將原賽門鐵克網路安全服務部門（Cyber Security Services）賣給 IT 顧問公司 Accenture，Symantec 網路安全服務部門將整併到 Accenture 安全服務部門。

儘管企業端產品線股權已易主,賽門鐵克首席技術顧問張士龍表示,Symantec 仍持續進行研發,包含地端及整合式網路防禦(Integrated Cyber Defense)平台,在 OT 場域,亦設計實體設備 ICSP(Symantec Industrial Control System Protection),協助機台確保使用隨身碟進行程式修補更新的安全。透過整合式網路防禦降低資安複雜度與雲端風險管理是其近年來的發展重點。整合式網路防禦是指透過統一管理介面,掌握來自不同控制點所蒐集的資訊,以標準化格式進行資料蒐集與交換,並透過 API 介接企業既有的安全資訊事件管理系統(Security information and event management, SIEM),解除異質資安技術的資料孤島問題,提高可視性與資料分析力。

在對抗 COVID-19 疫情方面,Symantec 觀察到數十種新的惡意電子郵件活動,其阻止的惡意電子郵件數量激增,這些激增的垃圾郵件重點包含口罩銷售、醫療設備、防疫用品及其他與 COVID-19 有關的產品。

8. Salesforce

Salesforce 成立於 1999 年,總部位於美國舊金山,(Mountain View),其核心的業務在於提供個人化需求的客戶關係管理的軟體服務和解決方案,是客戶關係管理(CRM)的領導廠商,2019 年營收約 132.8 億美元。

觀察 Salesforce 近期的重要發展動態,在 2019 年 6 月,Salesforce 宣布以 157 億美元,買下資料分析公司 Tableau,透過此併購,Salesforce 可以強化資料分析與視覺化工具。2020 年 2 月,Salesforce 宣布併購雲端及行動軟體解決方案供應商 Vlocity,Vlocity 是一家原生建立在 Salesforce 平台,針對電信、媒體、娛樂、能源、公用事業、保險、衛生和政府組織的行業提供雲端及行動應用的軟體服務商。

在對抗 COVID-19 疫情方面,Salesforce 推出一系列 COVID-19 護理解決方案包含患者關係平台 Salesforce Health Cloud、線上課程學習平台 MyTrailhead、Salesforce 客戶社群

服務。此外，Salesforce 也與 Damco Solutions 合作，提供醫療保健行業因應 COVID-19 的各種解決方案，Damco 是一家軟體解決方案及業務流程委外的 IT 公司。

二、臺灣市場總覽

依據前述的資訊軟體暨服務市場定義與範疇，以下將分析臺灣市場規模與發展趨勢，並剖析臺灣資訊軟體暨服務產業結構及現況。

（一）市場趨勢

臺灣資訊軟體暨服務產業，預估市場規模將由 2019 年的 2,959 億元成長至 2023 年的 4,171 億元新臺幣，年複合成長率 9%，成長動能主要來自資料處理業務以及系統整合服務的成長，主要支撐力來自政府相關預算、人工智慧、智慧製造、智慧金融及智慧零售等議題發酵，不同行業別的新興應用帶動商機成長。

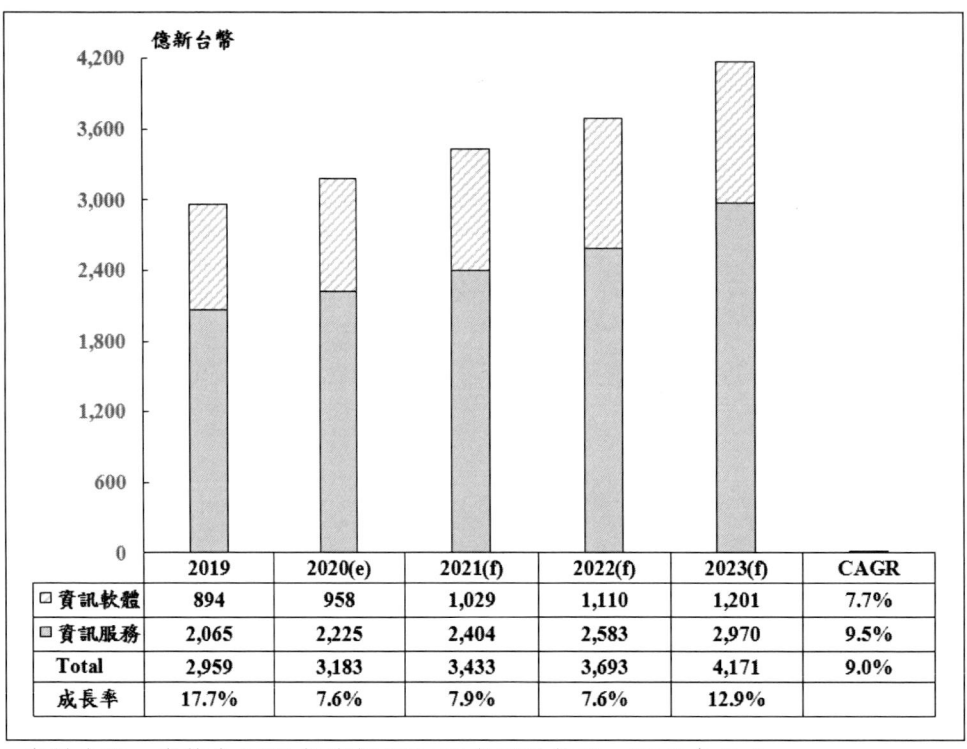

	2019	2020(e)	2021(f)	2022(f)	2023(f)	CAGR
資訊軟體	894	958	1,029	1,110	1,201	7.7%
資訊服務	2,065	2,225	2,404	2,583	2,970	9.5%
Total	2,959	3,183	3,433	3,693	4,171	9.0%
成長率	17.7%	7.6%	7.9%	7.6%	12.9%	

資料來源：資策會MIC經濟部ITIS研究團隊整理，2020年9月

圖 2-6 臺灣資訊軟體暨服務產業產值

1. 發展趨勢分析

　　2020年資訊產業技術發展趨勢聚焦於5G基礎建設（基地台建置與商業模式探索）、物聯網（發展邊緣運算）與人工智慧（技術提升與產品落地），進而串聯不同的技術來開創新的應用場景和商業模式。而後擴散到不同產業，包括製造業（智慧製造）、金融業（智慧金融）、零售業（智慧零售）、醫療業（智慧醫療）等領域，並從中發展領域專業知識並提供顧問諮詢服務。

　　觀測2019年到2023年，預估產值將由2019年的2,959億元成長至2023年的4,171億元新臺幣，年複合成長率9%，其中系統整合與資料處理占比超過70%。主要受惠於雲端服

雲端服務、人工智慧、金融科技、資訊安全及雲端服務之應用等議題發酵，同時科技化解決方案的普及也帶動產值的增加。

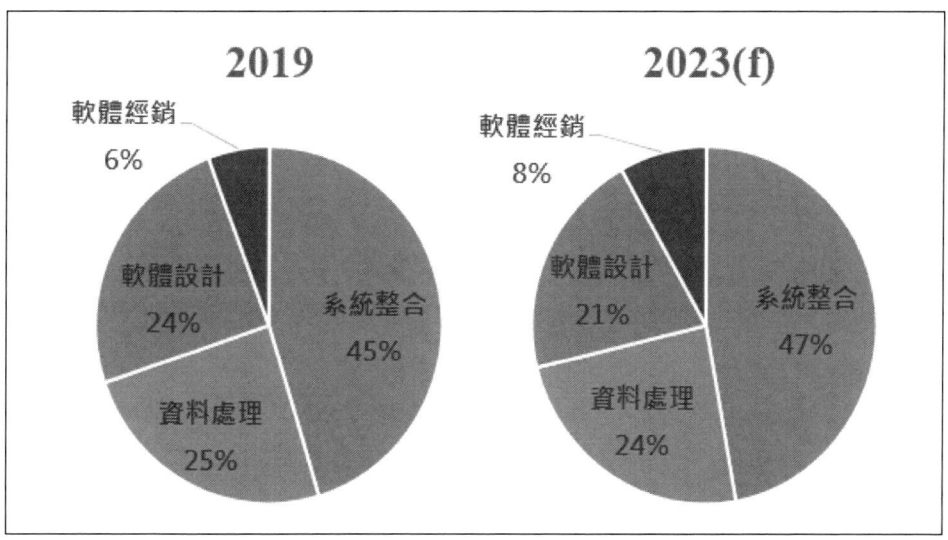

2019
- 軟體經銷 6%
- 軟體設計 24%
- 資料處理 25%
- 系統整合 45%

2023(f)
- 軟體經銷 8%
- 軟體設計 21%
- 資料處理 24%
- 系統整合 47%

資料來源：資策會 MIC 經濟部 ITIS 研究團隊整理，2020 年 9 月

圖 2-7 臺灣資訊軟體暨服務產業次產業分析

(1) 系統整合產業趨勢分析

系統整合市場方面，臺灣系統整合市場主要是由大型企業的持續採用需求驅動。大型企業因布局全球市場而擴增資通訊軟硬體，或因週期性需求更新或汰換原有的資訊系統，或因企業與部門之間的整併而調整資訊解決方案的投資應用。

綜觀近年臺灣系統整合市場規模成長平穩，除了智慧製造的議題逐步發酵外，資訊安全議題也隨著企業進行數位轉型而開始受到重視，預期會成為未來系統整合市場的成長動能。預估臺灣系統整合市場規模將由 2019 年的 1,340 億元成長至 2023 年的 1,965 億元新臺幣，年複合成長率 10%，其中系統規劃、分析及設計在整體系統整合占比超過 5 成，主要支撐力來自系統規劃、分析、設計需求，以及資訊安全系統建置、資訊安全諮詢等需求。

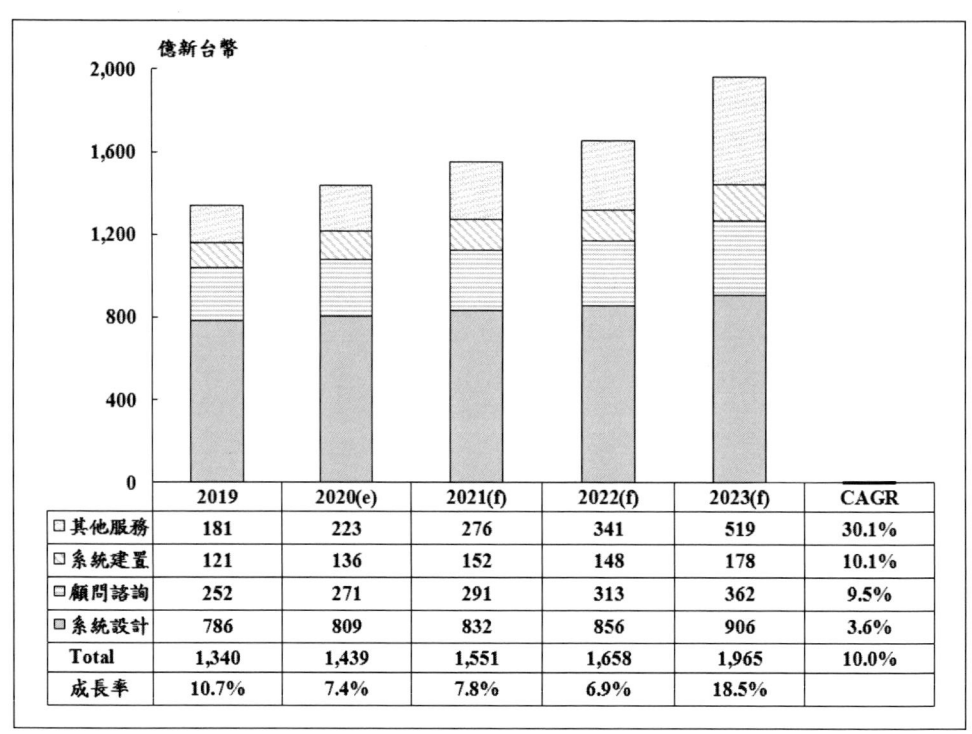

	2019	2020(e)	2021(f)	2022(f)	2023(f)	CAGR
其他服務	181	223	276	341	519	30.1%
系統建置	121	136	152	148	178	10.1%
顧問諮詢	252	271	291	313	362	9.5%
系統設計	786	809	832	856	906	3.6%
Total	1,340	1,439	1,551	1,658	1,965	10.0%
成長率	10.7%	7.4%	7.8%	6.9%	18.5%	

資料來源：資策會MIC經濟部ITIS研究團隊整理，2020年9月

圖 2-8 臺灣系統整合業產值

在系統整合業中，系統設計及設備管理及技術諮詢在整體系統整合業占比達7成，相較2018年，2019年其他電腦相關服務（資訊安全等）增加2%，系統規劃分析設計則持平，而系統整合建置及電腦設備管理分別下降1%及3%。預估到2021年其他資訊服務占比將成長到18%，主要支撐力來自系統整合建置及其他電腦相關服務，包含中小企業應用及金融服務應用等。

次產業	2018	2019	2020 (e)	2021 (f)
其他電腦相關服務	13%	15% ↑	15%	18%
電腦設備管理及資訊技術諮詢	22%	19% ↓	19%	19%
系統規劃、分析及設計	56%	56%	56%	54%
系統整合建置	10%	9% ↓	9%	10%

資料來源：資策會 MIC 經濟部 ITIS 研究團隊整理，2020 年 9 月

圖 2-9 臺灣系統整合業分析

(2) 資料處理資料處理業趨勢分析

在資料處理服務市場方面，主要是以資訊管理委外和系統維護支援為主軸。流程管理委外則偏重於客服中心服務委外，以及金融帳單管理委外，程式開發代工多採用由外包廠商派駐程式開發人力於企業的模式。預估資料處理及資訊供應服務業產值，將由 2019 年的 725 億元新臺幣成長至 2023 年的 1,005 億元新臺幣，年複合成長率 8.5%，其中資料處理、主機及網站代管占整體系統整合占比超過 8 成，主要支撐力來自於雲端運算業務和資料處理應用的成長。

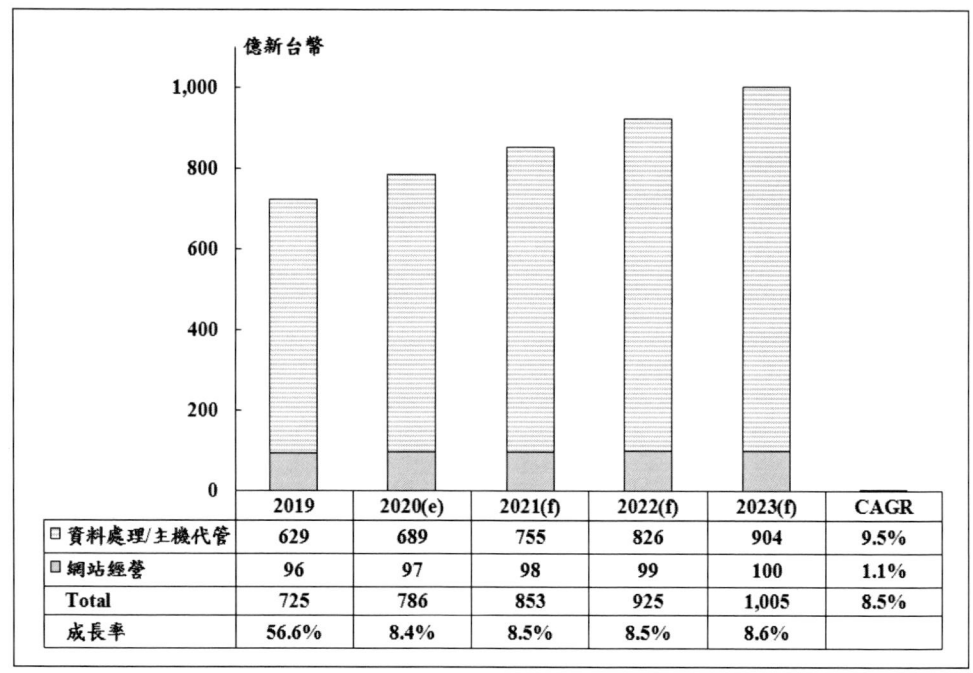

	2019	2020(e)	2021(f)	2022(f)	2023(f)	CAGR
資料處理/主機代管	629	689	755	826	904	9.5%
網站經營	96	97	98	99	100	1.1%
Total	725	786	853	925	1,005	8.5%
成長率	56.6%	8.4%	8.5%	8.5%	8.6%	

資料來源：資策會 MIC 經濟部 ITIS 研究團隊整理，2020 年 9 月

圖 2-10 資料處理資料處理產業產值

在資料處理與資訊供應服務業中，其他資料處理及主機代管服務業之占比將超過 8 成，相較 2018 年，2019 年其他資料處理及主機代管服務業之產值占比較 2018 年大幅成長增加 6.7%，預估到 2020 年將成長到 87.6%，主要支撐力來自雲端應用、資料中心、委外及主機網站代管等服務業務擴張。

次產業	2018	2019	2020(e)	2021(f)
入口網站	19.9%	13.2% ↓	12.4%	11.5%
資料處理、主機及網站代管	80.1%	86.8% ↑	87.6%	88.5%

資料來源：資策會 MIC 經濟部 ITIS 研究團隊整理，2020 年 3 月

圖 2-11 臺灣資料處理與資訊供應服務業分析

2. 資訊軟體市場規模

在軟體市場方面，雲端運算、巨量資料服務、行動應用、遊戲軟體與智慧型裝置仍左右臺灣軟體市場未來數年走勢，預估資訊軟體業市場規模，將由 2019 年的 894 億元新臺幣成長至 2023 年的 1,201 億元新臺幣，年複合成長率 7.4%，其中非遊戲的電腦設計在整體資訊軟體業占比超過 7 成，主要支撐力來自非遊戲程式設計、修改、測試及維護，如作業系統程式、應用程式開發。

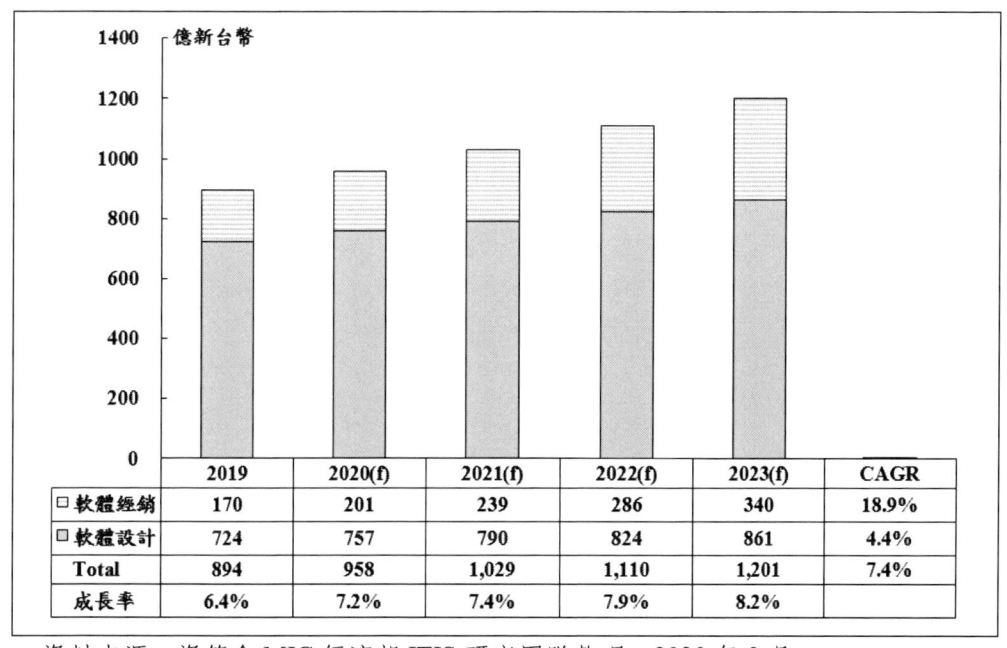

	2019	2020(f)	2021(f)	2022(f)	2023(f)	CAGR
軟體經銷	170	201	239	286	340	18.9%
軟體設計	724	757	790	824	861	4.4%
Total	894	958	1,029	1,110	1,201	7.4%
成長率	6.4%	7.2%	7.4%	7.9%	8.2%	

資料來源：資策會 MIC 經濟部 ITIS 研究團隊整理，2020 年 9 月

圖 2-12 臺灣軟體產業市場規模

(1) 軟體設計產業分析

臺灣軟體設計市場主要由大型企業持續需求採用所驅動，包括持續擴建或升級資訊系統，或因週期性需求而更新或汰換原有資訊系統等。其中應用軟體市場方面，雖受惠智慧製造，MES 建置熱絡，但由於 ERP 等傳統應用不

振,使整體應用軟體規模成長短期難有表現;資訊安全市場伴隨著聯網裝置出貨量提升、物聯網應用擴張而持續升溫;資料庫市場受惠於近年巨量資料應用和雲端運算的發展,表現較其他軟體為優;開發工具部分則以虛擬化應用、商業分析為要角。預估軟體設計業市場規模,將由 2019 年的 724 元億新臺幣成長至 2023 年的 861 億元新臺幣,年複合成長率 5.3%,其中電腦設計在整體資訊軟體設計業占比超過 9 成,主要支撐力來自於軟體之程式設計、修改、測試及維護等業務成長。

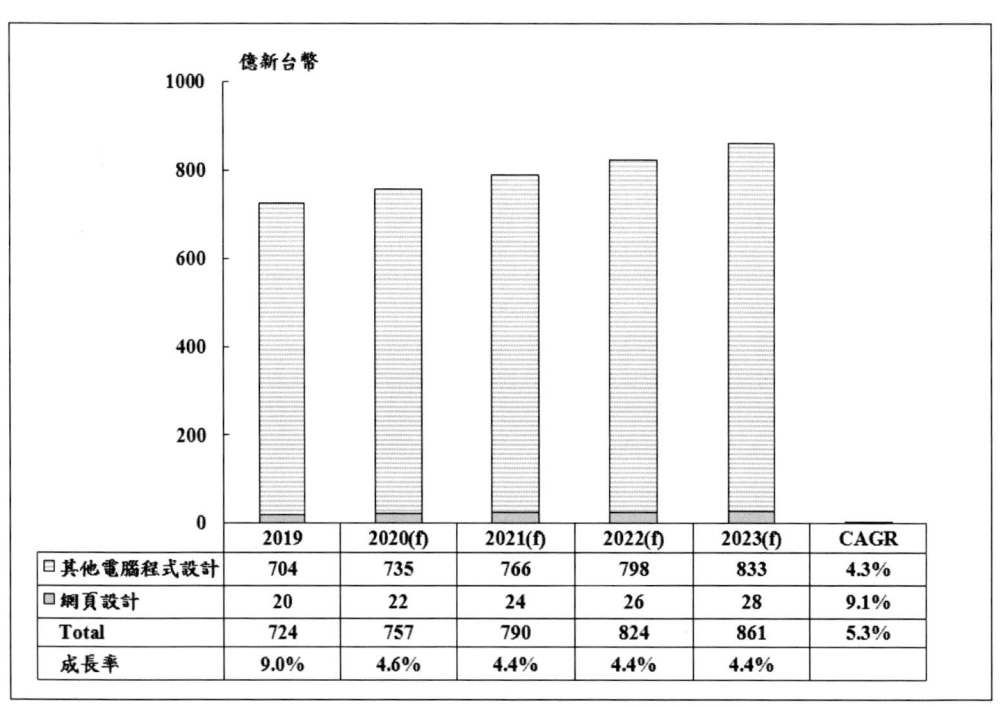

	2019	2020(f)	2021(f)	2022(f)	2023(f)	CAGR
其他電腦程式設計	704	735	766	798	833	4.3%
網頁設計	20	22	24	26	28	9.1%
Total	724	757	790	824	861	5.3%
成長率	9.0%	4.6%	4.4%	4.4%	4.4%	

資料來源:資策會MIC經濟部ITIS研究團隊整理,2020年9月

圖 2-13 臺灣軟體設計產業市場規模

(2)軟體經銷產業

在軟體經銷市場方面,臺灣大眾套裝軟體主要以商用軟體和遊戲軟體為主。隨著行動裝置應用逐漸普及,消費者使用行為習慣逐漸轉變,行動應用成為企業接觸消費者重要

窗口,其市場規模將持續走揚,預估臺灣軟體經銷產值將由 2019 年的 170 億元新臺幣成長至 2023 年的 340 億元新臺幣。

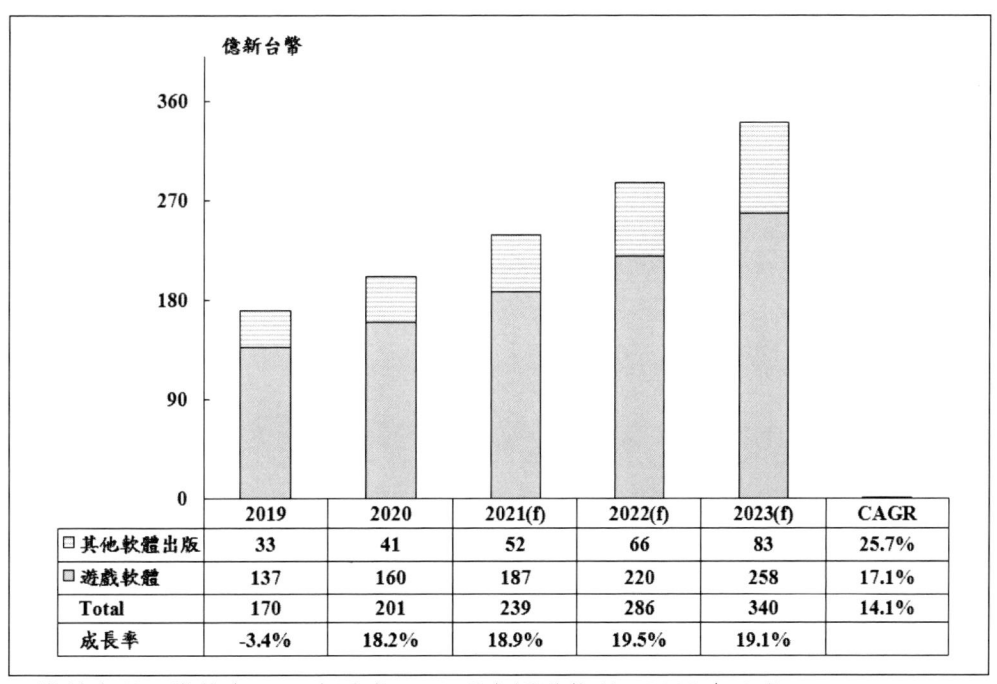

億新台幣	2019	2020	2021(f)	2022(f)	2023(f)	CAGR
其他軟體出版	33	41	52	66	83	25.7%
遊戲軟體	137	160	187	220	258	17.1%
Total	170	201	239	286	340	14.1%
成長率	-3.4%	18.2%	18.9%	19.5%	19.1%	

資料來源:資策會 MIC 經濟部 ITIS 研究團隊整理,2020 年 9 月

圖 2-14 臺灣軟體經銷產業產值

在臺灣軟體業中,程式設計之產值占比接近 8 成,2019 年程式設計較 2018 年增加 1.7%,網頁設計較 2018 年增加 0.2%,而遊戲軟體及相關出版的占比下降,主要支撐力來自於商用軟體、辦公室應用軟體等的需求。

次產業	2018	2019	2020 (e)	2021 (f)
程式設計	77.0%	78.7% ↑	76.7%	74.4%
網頁設計	2.0%	2.2% ↑	2.3%	2.3%
其他軟體出版	4.2%	3.7% ↓	4.3%	5.1%
遊戲軟體	16.8%	15.3% ↓	16.7%	18.2%

資料來源：資策會MIC 經濟部ITIS 研究團隊整理，2020年9月

圖2-15 臺灣軟體業分析

觀測臺灣資服產業產值由2019年的2,959億元新臺幣成長至2023年的4,171億元新臺幣，其中系統整合與資料處理業務是資訊服務產業的主要力量，此外，政府相關預算、人工智慧、智慧製造、智慧金融及智慧零售等議題發酵，不同行業別的新興應用帶動商機成長。人工智慧、大數據和雲端應用與產業的業務內容結合，創造出新的應用場景和系統需求進一步帶動資訊服務產業成長。其中系統整合產業以系統規劃、分析、設計需求，及資訊安全系統建置和相關技術諮詢為主；而資料處理產業則是依靠主機代管、異地備援及雲端運算業務。

整體資訊軟體業中，來自電腦程式設計，電腦設計占整體資訊軟體設計產業占比超過9成，資訊軟體設計業產值成長之主要以非遊戲程式設計、修改、測試及維護為主，包含作業系統程式、行動應用程式、套裝程式等之設計需求。此外，推動通路經銷成長來自遊戲軟體的銷售及軟體授權，包含軟體開發工具與元件授權。

（二）產業結構

綜觀臺灣整體資訊服務與軟體產業結構與現況，呈現出臺灣本土業者與外商競合之情形。位於軟體產業價值鏈上游之本體軟體產品供應商雖比不上外商強勢，但因深耕臺灣國內市場多年，已廣受中小企業青睞。位於軟體產業價值鏈中游之本土代理商，則憑藉其通路優勢，代理本土業者或外商之軟體產品與資訊服務以獲取利益。位於軟體產業價值鏈下游之資訊服務商與加值經銷商（Value Added Reseller, VAR），為大部分臺灣軟體業者之經營型態，其中主力為系統整合商，依據用戶需求提供軟硬體、資通訊及服務之整合解決方案，其業務需依據用戶需求進行一系列之系統規劃與建置，以達到最佳化、客製化與後續支援維運。

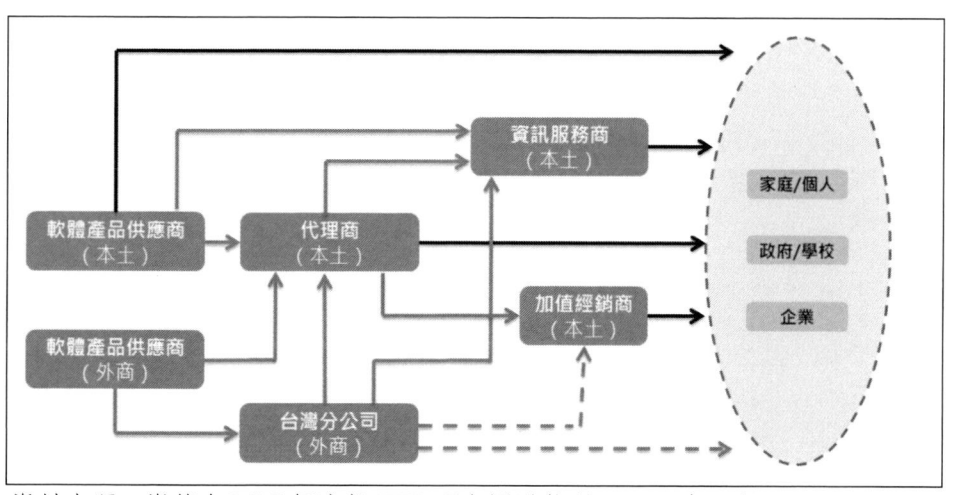

資料來源：資策會MIC經濟部ITIS研究團隊整理，2020年9月

圖 2-16 臺灣資訊服務暨軟體產業結構

臺灣軟體之使用者方面，涵蓋企業、政府與個人，用戶多以價格、產品功能、市占率及軟硬體系統彈性為採用軟體之主要考量。另外，用戶對於軟體廠商之挑選條件，還包括檢視廠商知名度與評價、業者營運規模與穩定性、專業顧問能力與導入經驗、客製化服務能力、技術支援能力與服務品質。

整體而言，臺灣資訊軟體暨服務產業發展已具基礎，廠商皆於各自之領域中累積長期經驗及領域知識，已能精確掌握且提供滿足用戶需求之解決方案。然而，因為產業進入門檻不高，導致小廠林立，且廠商又集中於少數之利基市場，形成小而零散之產業結構。

第三章　資訊軟體暨服務市場個論

一、系統整合

（一）市場趨勢

資訊服務廠商是在協助企業進行資訊科技的評估、建置、管理、最佳化等作為，這些服務包含牽涉到專案導向的商業顧問、科技顧問、軟硬體系統設計與建置，以及期約導向的資訊委外、軟硬體維護等服務。本段落的系統整合主要的範疇包含專案導向的顧問諮詢、系統設計與建置等資訊科技服務。

系統整合業者利用各種套裝軟硬體、整合與顧問服務等資訊科技與服務，將資訊系統所需之要素彙整，協助企業達到各種營運策略與目的。企業期望利用資訊科技協助企業提升營運效率、改善管理模式，隨著客戶導向的產品與服務趨勢興起以及新興科技的發展，使得企業不僅期待資訊化的提升，更希望藉由資訊科技軟硬體與服務，達到企業轉型升級的目的。因此，系統整合業者受到企業營運方向的改變、新興科技發展等因素，提供企業客戶導向的資訊服務與科技導，系統整合市場受以下事件影響。

1. 新冠肺炎疫情

2020 年全球新冠肺炎疫情持續擴散，許多國家及城市在封城、禁足令的限制下度過上半年，由於政府的呼籲以及大眾對於疫情的恐懼，避免於人群聚集的環境中停留，生活及消費型態已發生劇變；全球超過 10 億人口被迫在家上課及工作，衍伸出各種異地辦公系統與服務的商機、網路通訊軟硬體要求及資訊網路安全規劃，全球系統整合市場受到疫情的影響產生轉變。

新冠肺炎疫情衝擊企業營運模式也改變消費者的消費習慣，疫情的發展正加速企業數位轉型的速度，業者開始嘗試透過新興科技

輔助疫情期間的防疫措施。企業如何透過無接觸模式增加客戶的信任感，未來在無接觸商業環境下，再造良好的客戶體驗。

在非接觸的互動模式之下，臉部識別認證及語音為基礎的互動模式需求提升，企業可透過自然語言處理辨識、聲紋認證辨識、情緒語調判斷消費者情緒，並結合圖片及影片等內容發展實體場域無接觸互動模式應用。電腦識別技術應用在社交距離追蹤與監控上，在三維的空間中追蹤多種物件，判斷是否有人潮聚集的現象，疫情趨緩後相關技術也能夠運用在交通堵塞管理上；在實體商務中，透過電腦識別技術進行自動支付、貨架管理、防竊防盜及員工表現管理的應用，協助發展無接觸式的零售體驗，降低感染的可能性；在醫學上透過電腦識別技術辨識新冠肺炎的感染，肺部電腦斷層掃描影像辨識輔助醫生判斷，提高診斷準確性。自然語言處理也有多種應用，如實體零售購物的語音點餐、個人語音助理，以及車內語音控制應用等，透過語音操作降低實體接觸的機會。

由於無接觸的互動模式增加，企業可著重在當地個資法規允許的消費者行為分析，增加數據導向的服務模式，提升消費者無接觸實體環境的體驗，此外，保持社交距離幾乎成為社會共識，其中社交距離不只限於人與人的距離，共用裝置如收銀台、POS機等，皆為可能的感染來源，因此非接觸式的支付使用意願有顯著的提升，根據 Mastercard 的調查，約有八成的受訪者認為非接觸式的支付如行動支付為相對較為乾淨的支付選項，在 2020 年第一季共提升了四成的無接觸式交易量。

2. 中美貿易戰

由於中美貿易及各國保護主義興起，導致全球的供應鏈產生變化，再加上疫情的因素限制國際物流的流動，加速產業供應鏈轉移的速度，業者為分散風險而開始建立多元的生產據點布局。此外，各國政府積極發展智慧製造，生產工廠朝高度自動化程度的方向發展；企業逐漸強調貼近市場、在地生產的發展模式，系統整合市場也因應供應鏈重組的趨勢，整合多國、多據點管理系統，把原本獨

立的數據系統整合,在未來面臨斷鏈危機時,有更多的彈性啟動異地生產,維持企業靈活度。

3. 個資安全法規驅動

2020年加州消費者隱私法案(California Consumer Privacy Act, CCPA)正式生效,讓眾多矽谷的科技公司受到嚴格的個資保護規範,驅動企業在個資安全防護的投資;不僅在加州,歐盟的一般個資保護規範(General Data Protection Regulation, GDPR)於2018年5月正式生效,違反GDPR規範的罰則相當高昂,這也讓企業更嚴謹地看待消費者個資的安全防護。

隨著各國規範更加明確,可以看出對於個資的防護需求逐漸增加,個資法強調民眾資料主體權(Data Subject Right, DSR),讓企業在個人資料管理上更加複雜,系統整合業者透過自動化的個資安全管理,降低企業在個資法規遵循的負擔。

除了法規的因素外,資料科學快速發展,企業為提供更為個人化的服務,蒐集大量消費者個人資料,提供良好的數位體驗成為近年企業主流的發展策略,但隨著個人化體驗增加,消費者開始對於企業如何使用其個人資料產生警惕,明化消費者個資的用途,並且保障消費者個資的權力等,如何降低消費者的疑慮成為重要的企業課題。

疫情發生正加速消費者個人資料安全管理的重要性,包含商務上營運模式以及金融交易、支付等應用;遠距工作、視訊會議、協作軟體需要穩定且安全的網通品質,疫情的影響也有助於加速網路安全、端點安全的需求成長。

隨著雲端服務的發展,使得系統整合業者不僅提供專案導向的服務,亦提供委外、雲端的服務,以滿足企業的各種需求,例如Accenture、PwC、Capgemini、KPMG等系統整合業者、顧問服務業者、雲端服務商等產業界線也越來越模糊。

4. 顧問諮詢

　　顧問諮詢產業，隨著疫情影響以及人工智慧技術發展，讓產業發生新的變革，透過機器學習、深度學習的應用，進行分析與預測。面對各種行業的需求，顧問諮詢業必須提供不同的服務：

(1) 金融業：受新冠肺炎疫情影響，加速多元的支付發展，無接觸式的支付方式以及虛擬通路使用率顯著提升，消費者透過行動裝置完成部分簡易的金融服務；此外，在疫情期間客服的需求增加，業者為因應使用者的需求而導入虛擬助理以及聊天機器人輔助，顧問諮詢業者協助金融業在線上及線下系統的整合，提供客戶一致的服務體驗。

(2) 製造業：近期由於各國保護主義興起以及新冠肺炎疫情影響，導致全球的供應鏈產生變化，製造業設廠不僅考量人力成本，更著重在物流、市場、稅率等因素，這也導致製造業開始發展多元的供應鏈，工廠朝向自動化、生產數據資料可視化的方向發展，對於自動化設備應用與導入需求增加。顧問諮詢業者提供自動化產線設備設計與諮詢，稼動率、良率等管理系統的整合。

(3) 零售業：零售業數位轉型普遍著重在「改善客戶體驗」、「提升營運效率」、「調整再造商業模式」三種面向發展，由於疫情的影響，零售業增加無接觸性的商業互動，發展線上及線下混合型的零售模式，其中無接觸性的零售應用包含透過消費者行中裝置提供產品資訊、實體店面指引、自助結帳、支付等行為。

　　顧問諮詢業者利用物聯網、人工智慧、雲端技術等新興科技，除了各產業的行業知識外，也都會與人工智慧軟體服務廠商合作，如：Amazon、IBM、Google、Microsoft等，合作提供整體解決方案給客戶。

5. 系統設計與建置

　　與顧問諮詢業者的模式不同，系統設計與建置業者專注在資訊科技系統建置與導入，重點在於科技上的專精以及系統整合的能

力,透過結合跨領域、跨技術的合作夥伴,協助企業完成系統導入、以及異質系統整合。近年也積極與顧問諮詢業者、電信業者、資訊安全、人工智慧等相關領域的業者合作,協助客戶將新興科技導入在企業運營上,主要的業者包含 IBM、CSC、NTT DATA、Dell 等。系統設計與建置業者從以下幾個科技與導入方向,協助企業運用人工智慧與建立資訊安全:

(1) 零信任資安架構:零信任資安(Zero Trust Security)採取低權限的授權策略,更嚴格的存取權限控制,並且全面檢測及記錄網路的流量,不再以內、外網作為預設的信任基礎,有效提升資安的安全性。近期由於新冠肺炎疫情影響,業者為避免企業內部群聚感染,而採取在家工作(Work from Home, WFH)的企業營運策略,若以傳統的內、外網的資安防護方式已難以因應,由於員工在家工作,導致整體設備及資訊架構難以掌握,零信任資安的防護能避免傳統資安防護的缺陷。

(2) 人工智慧協作模式:疫情影響將加速企業朝向勞動力降低的自動化流程發展,流程自動化機器人(RPA)受到矚目,相較於過去人工智慧強調自動化的發展,系統設計與建置業者開始強調人機協作的模式,光學字元辨識 OCR 的技術以及自然語言理解等相關技術已相對成熟,但實際應用在流程簡化、工作效率提升上,因應不同的場域而有不同的流程設計,尚需系統設計與建置業者協助整合,藉由系統架構提升流程的可視化及自動化程度,並建立人工智慧與真人的協作機制。

(3) 個資保護法規遵循管理:目前主要的個資保護法如歐盟的 GDPR 以及加州消費者隱私法案 CCPA 等,這些個資法強調資料主體權的意識,當消費者行使其資料主體權(存取權、可攜權、限制權、反對權、遺忘權)時,業者需要回應消費者的要求,但多數業的企業內有多個內、外部系統,且消費者的個資存放也相對零散,如存放在雲端、第三方應用系統等地方,資料足資難以追蹤,而系統設計與建置業者可協助業者進行資料的串聯,以及跨系統資料存放規劃,以符合個資法規的規範。

(4) 雲端應用：由於疫情影響，在家上班的工作模式對於雲端系統的需求也大幅提升，系統整合業者協助建置各種協作軟體、雲端儲存空間、公有雲及私有雲的架構與部署。

(5) 人工智慧機器人朝向非控制環境中發展：隨著5G世代的來臨，在歐美以及南韓皆有部分地區已嘗試5G試驗，機器人開始從可控制的環境中逐漸朝向非控制的環境發展，如過去運輸機器人主要以倉儲內的運送為主，在可控的運輸環境中完成自動化作業。近期隨著通訊技術的發展，有越來越多的應用拓展至非控制環境中，系統整合業者協助企業在非控制場域的試驗與規劃。

(二) 廠商動態

Accenture為全球大型的商業管理諮詢、資訊技術顧問的廠商，主要協助企業制定企業策略、科技應用導入顧問服務，也有協助企業資訊開發外包、管理流程外包、數據分析等數位服務。

顧問服務主要協助客戶進行產業數位轉型，主要聚焦的科技為人工智慧、分布式記帳本、延展實境（Extended Reality, XR）、雲端、資訊安全、量子電腦（Quantum Computing）等，也提供供應鏈管理、人才管理等企業顧問。

1. 供應鏈轉型

隨著新冠肺炎的疫情影響導致許多城市停工、封城，影響供應鏈生產流程，企業開始意識到全球化供應鏈風險，多元供應鏈成為供應鏈的發展趨勢，Accenture透過人工智慧機器學習平台建立透明化的供應鏈流程，目前與SAP合作在供應鏈轉型上，透過雲端提供規劃即服務（Planning-as-a-service, PaaS），分析企業供應鏈因突發事件所產生的衝擊以及變化。

(1) 情境規劃：評估供應鏈衝擊、上游供應鏈選擇及財務影響規劃。

(2) 需求變化模擬：根據產品、供應鏈產能等模擬財務影響。

(3) 生產率變化模擬：根據生產流程的生產率變化模擬財務影響。

(4) 存貨狀態模擬：根據存貨的庫存、地點等狀態評估企業衝擊。

(5) 物流狀態變化模擬：評估全球以及當地存貨、供應鏈對企業的影響。

Accenture 透過數據化分析協助企業快速因應全球各地的供應鏈變化狀態，當類似新冠肺炎疫情等突發事件發生時，能夠快速掌握企業可能發生的衝擊與損失，並儘快擬定生產原料、物流規劃。

2. 虛擬辦公室

新冠肺炎疫情持續延燒，疫情有效控制的日期也無法掌握，企業開始嘗試較具彈性的虛擬辦公室，因應新興虛擬辦公室需求，Accenture 協助企業進行數位轉型。

(1) 雲端設計與架構：雲端應用為主，包含應用程式、文件儲存以及專案管理等，皆透過雲端進行，以符合企業遠端工作的需求，擴大採用辦公室文書、視訊等軟體，以軟體即服務的應用為主的虛擬辦公室設計與架構。

(2) 虛擬工作環境：增加硬體設施的移動性，並建立企業內部會議平台提供虛擬會議使用，並架設專用網路提升網路連線安全與品質。

(3) 資料安全：建立零信任資安網路架構並進行端點安全管理偵測與安全掃描。

（三）未來展望

顧問諮詢、系統設計與建置等系統整合業因應疫情的影響，協助企業因應疫情所需的軟硬體系統規劃設計，未來也將受益於5G、人工智慧等應用，引發企業投資需求。受疫情影響，短期內企業整體減少資訊投資，限縮系統整合市場，但由於遠距辦公、資訊安全的需求，讓部分系統建置與設計需求則增加。

不少企業在此次疫情期間進行數位轉型，達到企業長期營運的效益。系統整合業不僅專注在科技的實施上，應從垂直領域著手，如從具有產業特性的服務面切入，協助企業利用新科技在各個管理面上提升，才能在此波疫情期間獲得企業數位轉型的商機。

二、資訊委外

(一)市場趨勢

資訊委外指的是企業將資訊軟硬體的開發、維護與企業流程等業務，以一年以上的長期契約，委託資訊委外服務商代為處理。傳統資訊委外包含服務商提供企業資訊軟硬體的修改、程式開發、維護等服務的資訊管理委外（IT Outsourcing, ITO）及企業功能流程軟硬體與人力服務提供的企業流程管理委外（Business Process Outsourcing, BPO），亦有資訊委外廠商提供企業程式開發代工服務以及系統維護支援服務。資訊委外為企業在進行資訊投資上相對彈性的方式，企業通常透過第三方契約化的方式進行，透過委外的方式，企業能夠有效地降低內部資訊人員的負擔，對多數企業而言，資訊委外能夠降低資訊投資的成本。常見的資訊委外形式包含以下幾種：

(1) 計時與費用成本類型：計算資訊開發時數以及可能花費的費用與成本進行計價，為最為傳統的資訊委外方式。

(2) 固定價格類型：固定價格和計時與費用的訂價方式類似，但是資訊委外廠商並不會揭露其開發成本，此種方式對於中小企業而言接受度最高，能夠有效地掌握資訊投資成本。

(3) 境外委外類型：透過境外的低成本優勢降低資訊投資費用。

(4) 專用委外類型：透過授權的方式由外部第三方單位專責特定企業專案與任務，將被授權在特定範圍內直接協助企業運營。

由於新冠肺炎疫情的影響，2020 年第一季企業在資訊委外的投資大幅降低，尤其在交通旅遊業、零售業等受疫情影響嚴重的產業，資訊委外需求降低幅度更為明顯；以全球市場劃分，全球科技投資多集中在美國及西歐地區，當地通常存在科技人才短缺的問題，透過資訊委外服務補充企業不足或短暫人力需求的有效解決方案，近年資訊委外市場面臨以下趨勢與挑戰：

(1) 委外開發進度延宕：資訊委外市場受到新冠肺炎疫情的影響嚴重，由於城市禁足令的限制，許多發展國家的資訊委外業者被迫在家工作，但由於這些地方並沒有合適的辦公設備、網路基

礎建設及管理工具讓員工在家完成工作,導致進度延宕,又以資訊委外為契約服務模式,在履約及收款上如無但書特定情況,導致資訊委外廠商違約損失。部分需求方停止外包服務,即便目前有部分恢復正常工作環境,但專案延期的狀況也並沒有馬上復工。

(2) 自動化需求增加:由於員工在家辦公的影響,讓企業開始嘗試將更多服務外包,期望數位化、自動化的辦公流程能有效地提升工作效率,成為企業資訊委外的發展方向,增加資訊委外廠商的需求。

(3) 在家辦公模式引發資訊安全問題:企業無法信任在家辦公的資訊委外服務提供商,當資訊委外服務商採用在家辦公後,引發委外需求方對於資訊安全的顧慮,客戶期望資訊委外公司提供更完整的資安防護,能避免企業內的機密資料、消費者個資等資料暴露在資安的風險中,這也成為資訊委外提供商在疫情期間的重要議題。

(4) 醫療機構委外需求增加:由於新冠肺炎疫情影響,導致醫療機構的業務需求增加,不少醫療機構會將部份業務委外,由資訊委外服務提供商協助。

這些委外趨勢與挑戰將影響資訊管理委外、企業流程管理委外、應用程式開發代工、支援與維護等領域,以下整理各種類型委外服務的趨勢。

1. 資訊管理委外(ITO)

傳統的資訊管理委外服務,包括:基礎建設委外(Infrastructure Outsourcing, IO)、應用軟體委外(Application Outsourcing, AO)等,資訊管理委外目的主要來自於企業希望減少軟硬體管理的人力成本以及機房建置、維護、電力等實體成本,而由委外服務廠商代為管理,隨著雲端服務與人工智慧等技術的影響,資訊管理委外產生轉變,企業對於資訊管理委外的服務有不同的期待:

(1) 協助企業快速反應市場需求：由於雲端服務化、人工智慧化以及資料分析技術的協助，資訊委外業者能夠透過消費者資料分析輔助企業更快地去反應市場的需求，如產品訂價、產品回收、行銷活動等。

(2) 成為企業經營策略夥伴：多數的業者仍期望資訊委外廠商能夠降低企業資訊投資成本，讓企業能夠著重在其核心業務上，普遍而言，傳統資訊委外業者著重在降低成本上；而隨著資訊的價值提升，企業逐漸將資訊委外業者視為業務經營的策略夥伴，期待資訊委外業者能夠以資訊化的角度協助企業在業務面的經營，而非僅是提供基本營運面的營運流程數位化服務而已。

(3) 提供整體性解決方案：單一的資訊委外服務所能呈現的效益有限，然而跨系統間的溝通、串聯有一定的限制，企業期待的是更完整的整體解決方案，而非單一的系統委外，資訊委外廠商不僅需要專精於特定之專業，還需要補足更廣的專業以及品質更高的服務。

2. 企業流程委外（BPO）

　　企業流程委外服務提供企業某種流程的軟硬體、人力的委外服務支援，如：信用卡的辦理、採購服務流程、客戶服務中心等。在過去企業流程委外幾乎是客服中心的代名詞，企業將某個業務流程環節分離出來，交給服務外包公司運作，儘管企業流程委外牽涉到產業知識以及適度的人力介入，在雲端服務興起、流程自動化及人工智慧的發展後，企業希望流程委外廠商能夠提供進一步的流程自動化作業，以加快業務並節省人力。這使得企業流程委外商受到資訊管理委外商、雲端服務商的競爭，企業流程委外也面臨新的發展方向。

(1) 智慧化與自動化取代重複性企業流程：人工智慧及流程機器人被視為未來能夠取代掉重複性人工作業的重要科技，這使得流程委外服務商也必須利用流程機器人、人工智慧自動化科技等，提供企業更自動化的服務。RPA 能取代日常重複性的作業，也受到許多企業青睞，透過流程自動化來釋放人力、加快流程

效率,並且減少人為疏失的風險,未來 RPA 結合語意辨識、語音感知等技術,能應用到更複雜的商務情境中。

(2) 更重視資料分析來改進流程:由於雲端服務、人工智慧自動化等數位科技,將服務的互動、過程均數位化紀錄,這使得流程委外商更可以利用這些資料／數據進行分析、營運指標監控,協助企業改進其流程與服務。例如:客服中心利用人工智慧文字客服,可以記錄客戶詢問與人工客服回覆的對話資料／數據,分析客戶詢問問題的原因,進一步改善產品或服務。

(3) 著重在社群媒體管理工具:過去的客戶服務著重在電話語音互動,而隨著社群網路的興起,當消費者停留在社群媒體的時間快速增加,企業也在思考從過去在電話中心的投資轉移到社群媒體上。在網路上存在豐富的客戶資料及意見,也讓企業更易掌握客戶樣貌,許多流程委外業者也設置專門的社群媒體服務團隊,以符合市場需求。

從過去的發展軌跡來看,顧問服務業發展流程委外服務的工作來自於對於領域知識的瞭解。現今,雲端服務商、自動化科技專家更紛紛進入流程委外服務市場。流程委外服務業者必須發展自動化流程服務,著重在社群媒體管理工具,並提供資料／數據分析基礎的服務,以更彈性定價的委外服務模式,以滿足企業的需求。

3. 程式開發代工

程式開發代工主要協助企業開發、測試、部署、品質保證應用程式的開發與生命週期管理,企業委託程式開發代工的主要考量還是以人力短缺為主,仍需仰賴程式開發代工服務協助程式開發。

由於 DevOps 開發營運偕同的思維,影響程式開發業者,提供給企業快速開發及後續維運服務整體的生命週期管理,不僅協助企業開發,也協助企業應用軟體服務營運。

程式開發代工服務同樣受到各項新興科技與企業需求的影響,企業進行行動化時,程式開發代工商必須掌握新興的智慧手機 App 開發能力,協助企業進行程式開發。企業進行雲端服務化時,程式

開發代工商必須協助企業在各種雲端平台開發、測試、部署，乃至於協助企業進行快速開發、推出服務、修正服務的整體生命週期管理。企業進行物聯網化時，程式開發商必須懂得各種物聯網平台與程式，進行物聯網與企業系統的整合與程式開發。

4. 軟硬體維護

軟硬體維護的服務主要是企業與服務商簽訂長期契約，以協助企業軟硬體的管理、升級或維護等作業。隨著雲端服務的發展或虛擬化技術的採用，企業將逐步減少軟硬體的購買，對於軟硬體維護的需求將減少。然而，隨著物聯網的發展，企業將更重視連網資產的維護，帶動物聯網軟硬體維護服務的成長。

（二）廠商動態

全球大型委外服務廠商主要為 IBM、HPE、FUJITSU、ATOS、CSC、TCS 等，受到企業需求的影響，這些廠商更強調自動化、雲端化的服務，系統委外廠商不僅提供專業委外服務，也投入資源在自有產品平台發展。

資訊管理委外的主要來源大多為中國大陸及印度的業者，近年隨著烏克蘭、波特蘭、羅馬尼亞以及白俄羅斯等國家的相關產業逐漸發展，讓資訊管理委外的競爭更加劇烈，這些國家具有良好的系統開發能力且語言相對較貼近歐美市場，東歐地區的廠商近年積極搶占資訊委外市場。

印度為資訊代工的大國，塔塔諮詢服務公司（Tata Consultancy Services, TCS）為印度孟買的著名的企業，也是全球第一大的軟體程式代工商，TCS 全球有超過 100 個分支機構，主要的客戶包含金融、零售、製造、醫療等產業，TCS 除了提供系統整合、顧問服務以外，也發展自動化與人工智慧、雲端應用以及物聯網等服務，2020 年，TCS 與美國連鎖藥局龍頭沃爾格林（Walgreens Boots Alliance, WBA）簽訂 10 年 15 億美元的合約，提升其數位化程度，朝向降低營運成本，並提供營運管理的基礎建設、資訊安全服務。

隨著疫情的影響，TCS 強調企業因應新常態（New-Normal）的態勢發展，未來企業應朝向彈性及韌性企業發展，在後疫情時期的新常態成為未來企業所面臨的競爭環境。

1. 遠端辦公安全防護

隨著全球企業嘗試虛擬辦公環境，TCS 提出無疆界安全辦公空間（Secure Bordless Work Space, SBWS）以因應疫情的居家辦公環境，強調人力資源雲端管理、資訊安全的特性，提升企業實現居家辦公的可行性及安全性，TCS 也預計將在 2025 年達到僅有四分之一的員工在辦公室內工作的目標。

2. 自動化與人工智慧

TCS 建立物聯網平台，與芬蘭船舶製造商 Cargotec 合作，建立物聯網平台蒐集、儲存、分析生產感測資料，透過雲端的方式分析生產數據。

受到新興科技的趨勢影響，企業紛紛採用雲端運算、人工智慧、以及物聯網，TCS 所提供的服務也更加多元，除了垂直領域的專業經驗以外，也採用更多科技的服務。

（三）未來展望

受到雲端服務、人工智慧等新興科技影響，委外服務業務界限將變得愈來愈模糊，競爭也愈來愈激烈，在本次疫情中，資訊委外業者面臨進度延宕的問題，違約造成損失也讓業者思考新的訂價以及服務模式，展望未來，委外將朝強化資訊安全、雲端服務優先、智慧化、自動化等方向持續地發展。

三、雲端服務

(一) 市場趨勢

近年來,因市場變動快速與人工智慧等新興科技的迅速發展,帶動企業對於雲的應用需求大增,也促使企業積極轉向雲端服務,藉此提升資料儲存與運算的彈性與速度。根據市調機構 RightScale 的報告,企業面對多家雲端廠商選擇,為了避免綁定其中一家業者而導致服務中斷的風險,84%的企業採用多雲架構。且企業在自家的雲端架構上,也偏重採用兼顧運算方便與資料保密的混合雲架構。

如今的雲端市場逐漸朝向集中化的寡占市場發展,AWS、Microsoft、阿里雲、Google、IBM 等前五名雲端大廠就占了七成以上的市占率。為了擴大自家的生態系以在未來雲端市場中競爭,各大雲端廠紛紛祭出跨雲策略,或以策略合作、提供跨雲服務來爭取跨雲市場。此外,隨著企業對雲端的認識與相關技術的成熟,未來雲端市場的戰爭不再限於基礎的儲存、運算服務,大廠競爭重點更轉移至新興技術服務,包含機器學習、量子運算、邊緣運算,以及相關服務的軟硬體整合。

(二) 大廠動態

容器、Kubernetes 等技術逐漸成熟使企業有更高的移動性,同時為了避免單一雲端供應商造成的服務中斷,使得多雲環境成為企業新趨勢。為了爭取這個市場,大廠紛紛出招佈局合作夥伴與多雲管理服務,試圖在市場上獲得一席之地。

1. 多雲架構促使雲服務走向支援 K8s 的容器化服務

隨著企業對於多雲架構的需求興起,各大雲端廠商推出的產品紛紛走向支援 K8s 的容器管理服務,包含 AWS 的 EKS、Microsoft 的 Azure Arc、Google 的 Anthos、IBM 併購的 RedHat、阿里雲的 ACK、VMware 的 Tanzu 等。支援 K8s 的服務除了協助企業容易更新、搬遷資料,更幫助企業在多雲架構下管理資料,處理各大雲端資料互通的需求。

2. 多雲端環境成主流

IBM預估2020年將有71%的企業將採用三個以上的雲端平台，使多雲架構成為雲端大廠兵家必爭之地。

在資料搬遷（Migration）上，2019年IBM收購以雲搬遷著名的紅帽企業後，雲端大廠商也紛紛推出配合多雲環境的雲搬遷技術服務，如Google在2019年底推出的Anthos Migrate，協助搬遷虛擬機器（Virtual Machine，簡稱VM），不讓IBM專美於前。

在資料共通性上，大廠除了在2019年左右逐漸朝Kubernetes的標準靠攏以解套，各大雲端廠更採取結盟方式，由特定幾間廠商組成資料共通的聯盟，如以AWS為首的雲端資料互通計畫（Cloud Information Model，簡稱CIM）、Microsoft為首的開放資料倡議（Open Data Initiative），此舉除了強化資料共通性上的客戶服務，更旨在爭取未來資料格式的霸權。

在多雲環境管理上，雲端廠商也陸續提出多雲管理的產品服務，如IBM的多雲管理工具Multicloud Manager。而在多雲管理的專業人員協助上，雲端大廠紛紛推出如AWS雲代管夥伴（Managed Cloud Service Provider Partner）的類似計畫，藉由通過大廠認證的雲代管廠商，協助顧客在多雲環境下管理雲平台。

3. 佈局合作夥伴與多雲管理服務

(1) AWS在2019年底與Salesforce與Genesys合推Cloud Information Model（CIM）雲端資料互通計畫，旨在促進雲端平台資料的相容性，減少管理CRM等資料與程式碼互通的問題。在新興應用上，則有AWS Oupost對混合雲的軟硬體支援，Amazon Braket的量子運算服務，AWS與電信業者合作的Wavelength邊緣運算服務。

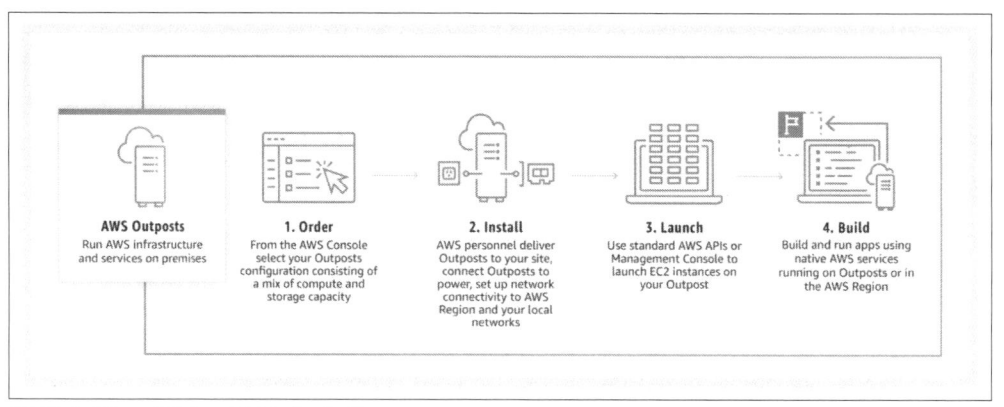

資料來源：AWS，2020年9月

圖 3-1 AWS Outposts 的服務流程圖

(2) Microsoft 不但在多雲市場上佈局較早，也不斷投資新興技術，如量子程式編輯語言 Azure Quantum、與 Graphcore 合作開發智慧處理器（Intelligence Processing Unit，簡稱 IPU）、Azure Stack 邊緣運算平台。2019 年底 Microsoft 也接著推出 Azure Arc 的服務，這項服務主打無縫橋接企業內部、多雲以及邊緣環境資源，透過單一介面管理 Kubernetes 叢集。

另外，Microsoft 也與電信業者合作，推出 Azure ExpressRoute 服務，使用戶能快速聯網以節省成本。在產業應用上，也與 BMW 共同成立開放製造平台（Open Manufacturing Platform，簡稱 OMP），試圖以產業應用服務擴大自家雲端市占率。

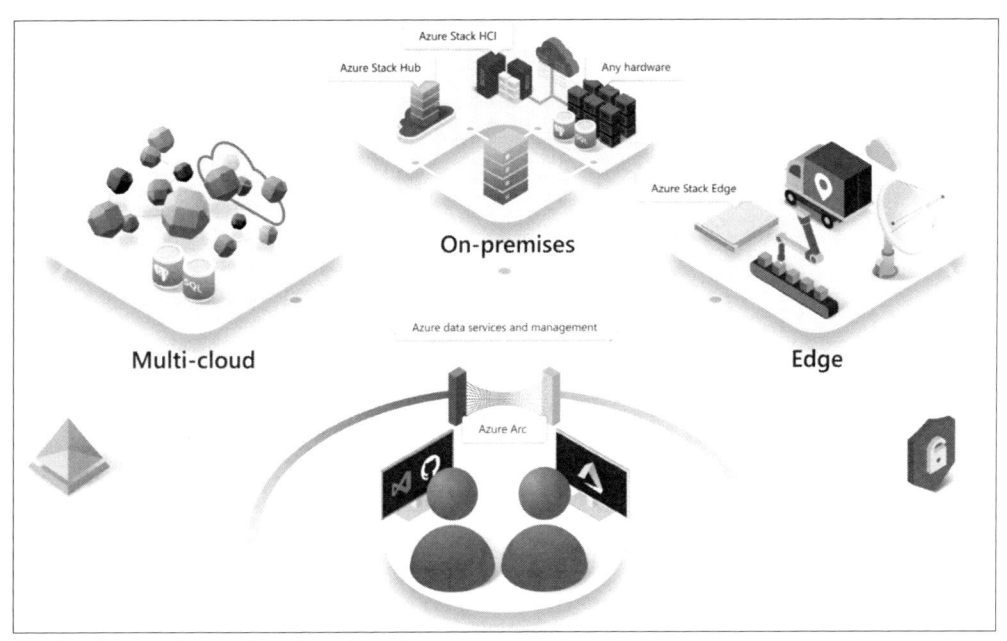

資料來源：Microsoft，2020 年 9 月

圖 3-2 Microsoft Azure Arc 的服務架構圖

(3) Google 雲端本身市占率不如 AWS、Azure 兩大龍頭，但藉由 Anthos 提供的第三方工作負載管理、自動搬遷服務，以及多雲網路智慧監控服務（Network Intelligence Center），試圖以開放策略獲取多雲市場的一席之地。

Google 的多雲服務橫跨了不同環境架構（Infrastructure）、平台營運（Platform）、網路與資安（Network and Security）、應用程式管理（Application）四個層面。而近年主推平台營運的服務，除了 K8s 的產品服務，2019 年推出的搬遷服務 Anthos Migrate，也極力以簡化操作的方式，吸引原先屬於不同雲端廠商的客戶。

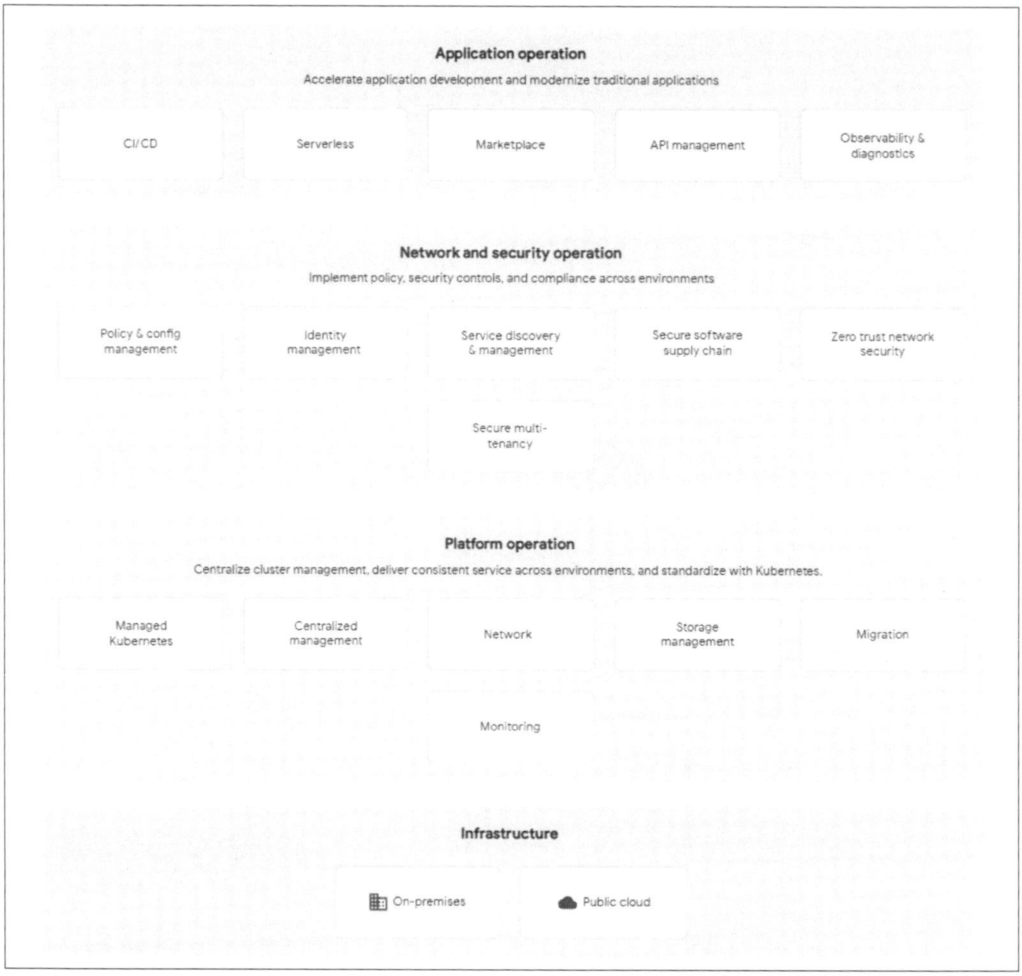

資料來源：Google，2020 年 9 月

圖 3-3　Google Anthos 平台的服務架構圖

(4) 阿里雲的容器服務 ACK（Alibaba Cloud Container Service for Kubernetes）支援 Kubernetes，能整合 Alibaba Cloud 的虛擬化、儲存、網路、維運等服務，來集中管理其他第三方公有雲的工作負載，並提供資料備援等服務。相較於其他大廠推陳出新的各式多雲管理服務，阿里雲支援多雲環境的服務直接而明瞭。

(5) 目前 IBM 在全球雲端市場市占率上落居人後，但在混合雲及多雲市場上，IBM 陸續推出的產品顯露要拿下新興混合雲、多雲市場的雄心。IBM 早在 2018 年就推出多雲管理工具 Multicloud

Manager，協助企業管理工作負載、企業法規、監控、應用程式管理等雲管理議題。2019 年則推出 Cloud Pak 容器化中介軟體，提供企業在應用程式管理、資料匯流、自動化程式、低代碼、安全管理等多雲環境管理服務。

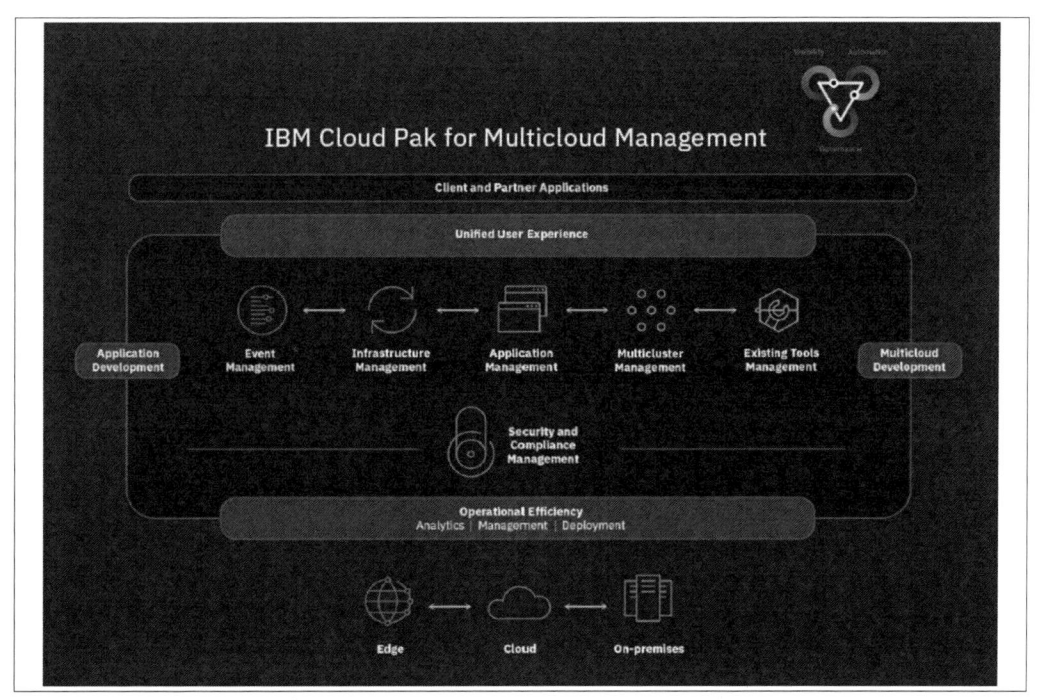

資料來源：IBM，2020 年 9 月

圖 3-4　IBM Cloud Pak for Multicloud Management 的服務架構圖

（三）未來展望

1. 多雲管理企業崛起

　　多雲架構有增加組合彈性、降低綁定單一平台的優點，但由於雲端業者過去各自發展其架構，在資料共通性、成本運算等相關管理議題上，也是上雲企業的管理痛點。為了解決這些問題，市場上除了有多雲管理的平台服務，雲端大廠也推出不同服務以搶占多雲市場。

從資料互通的資料聯盟，如 AWS 的雲端資料互通計畫，或是為了提供產業服務與新興軟硬體服務的合作夥伴，如 Microsoft 與 BMW 共同合作的開放製造平台（Open Manufacturing Platform，OMP），抑或是提供雲搬遷與管理服務的雲代管夥伴認證，又或是以社群找出解決問題方案的 GitHub、AWS IQ 服務，雲端大廠藉由合作夥伴、社群方式建立自家生態系，以此擴大影響力並提高廠商對生態系的依賴性。而虛擬機器大廠出身的 VMware 藉由與各大廠建立合作關係抓住跨雲商機，在 2019 年底，VMware 更併購以雲代管及顧問服務為主要業務的 Pivotal，展現深入多雲管理市場的決心。

2. 軟硬整合，建置自家硬體品牌成下一站

雲端市場除了從基礎服務轉移至新興技術競爭，早已不限於軟體服務，硬體支援也是雲端大廠的競爭重點項目之一。不管是從人工智慧晶片如 Google Edge TPU、可在企業端部署的整櫃式主機如 AWS Outposts 等硬體，都嶄露雲端大廠企圖從軟硬整合來獲取市場的野心。雲端大廠的硬體版圖擴張也使戰火從雲端服務延燒至硬體商，未來雲端服務競爭不再限於軟體面，自有的硬體品牌也成為雲端大廠欲完善服務的下一戰場。

四、資訊安全

（一）市場趨勢

資訊安全產業已從 1970～1990 年代資訊化的以加密技術為主軸，演進到企業電子化進程的資通訊安全產品暨服務生態體系逐漸完善，再到當下「雲端運算+萬物聯網+5G」階段，相關新興技術與新興場景所帶動整體資安產業成長最重要之驅動力。在 5G 與 AIoT 的浪潮下，以下從 Cloud、Data、AI、5G、IoT、駭客（Hacker）、場域（Field）等七個面向，來解析 2020 年全球資訊安全產業暨市場的重要趨勢。

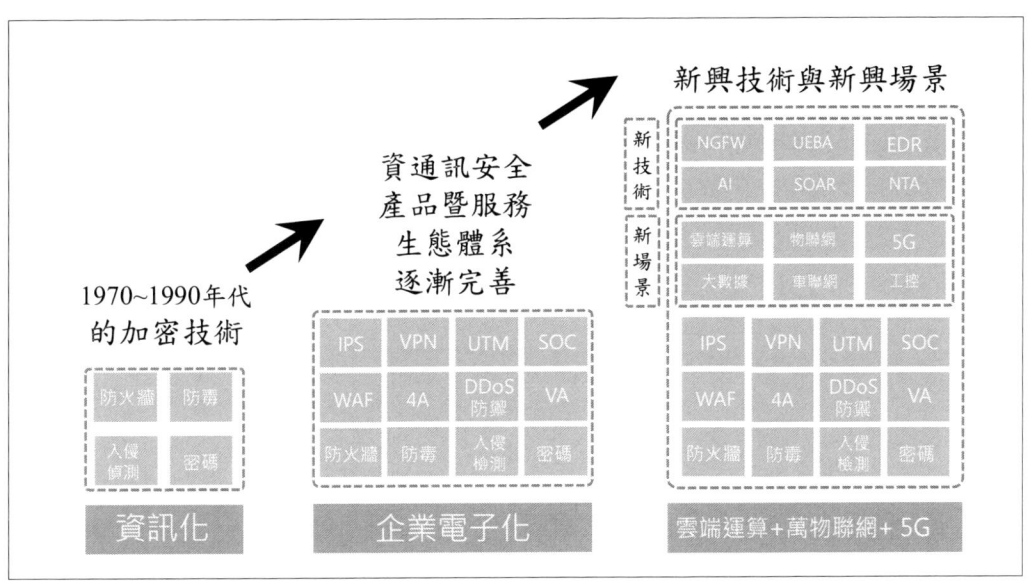

註：入侵偵測系統（Intrusion Detection System, IDS）；入侵預防系統（Intrusion Prevention System, IPS）；虛擬私人網路（Virtual Private Network, VPN）；整合式威脅管理（Unified Threat Management, UTM）；資安監控／維護／營運中心（Security Operation Center, SOC）；網路應用防火牆（Web Application Firewall, WAF）；統一安全管理平台：認證、授權、帳號、審計（Authentication／Authorization／Account／Audit, 4A）；分散式阻斷服務攻擊（Distributed Denial of Service Attack, DDoS Attack）；弱點掃描（Vulnerability Assessment, VA）；次世代防火牆（Next-Generation Firewall, NGFW）；使用者與實體設備行為分析（User and Entity Behavior Analytics, UEBA）；端點偵測與回應（Endpoint Detection and Response, EDR）；資安協調、自動化與回應（Security Orchestration／Automation／Response, SOAR）；網路流量分析（Network Traffic Analysis, NTA）

資料來源：資策會MIC經濟部ITIS研究團隊整理，2020年9月

圖3-5 新技術與新場景驅動資安產業的快速成長

1. IT環境變化引領雲端資安市場需求

　　雲端資安主要的問題除了「資料的遺失與洩漏」，其中還有不適當的權限控管造成的未授權存取、不安全的API介面以及雲端錯誤配置等。將工作負載移轉到雲端，正在改變企業對於託管安全服務（Managed Security Service, MSS）的應用模式。這也是因為隨著IT環境需求的快速變化，像Amazon、Google、Microsoft、Oracle與Rackspace這類的雲端服務大廠亦紛紛開始增強其MSS相關產品暨服務。

這種以軟體即服務（Software as a Service, SaaS）的型態所提供的 MSS 產品暨服務都將呼應愈來愈多企業的市場需求，包括身分與存取管理（Identity and Access Management, IAM）、安全郵件管理、分散式阻斷服務（Distributed Denial-of-Service, DDoS）攻擊、事件檢測與回應以及資安資訊與事件管理（Security Information Event Management, SIEM）等。

2. 資料外洩由點到面的持續發生

觀察並分析歷年十大資料外洩事件，可以發現資料外洩的方式已經由企業的單點，擴散到各類暗網（Dark Web）等面向的持續發生。從包括多年前 Yahoo 外洩的資料筆數高達 30 億筆，微博高達 5 億筆的資料外洩；到近期，萬豪酒店集團（Marriott International），員工帳密被駭，520 萬筆客戶資訊可能因此外洩；Zoom 的 53 萬筆企業客戶的帳號密碼流入暗網，受害者遍及摩根大通、花旗銀行及學校等機構，都可看出資料外洩已從過去企業內部點的擴散到現在乃至未來企業外部面的蔓延。

3. 深偽技術（Deepfake）衍生的資安攻擊

AI 技術結合詐騙從人下手的資安攻擊造就了深偽技術（Deepfake）的崛起。在 2019 年發生過模仿企業 CEO 的聲音進而詐騙將近 24 萬美元的事件；其手法是蒐集目標人物的公開影片或音訊，利用 AI 對聲音進行學習並且假冒。2020 年的詐騙已不僅只是假冒聲音而已，假冒信件格式來欺騙企業進行轉帳，利用 Deepfake 來增加信件的真實感。當然更多「Deepfake 即服務（Deepfakes-As-A-Service）」，亦將有更多詐騙事件。

4. 5G 服務帶來新商機亦產生新風險

為了支撐多元化業務的承載，5G 網路大量使用了「軟體定義網路」（Software-Defined Network, SDN）、「網路虛擬化」（Network Functions Virtualization, NFV）、「網路切片」（Network Slicing）、「多存取邊緣運算」（Multi-access Edge Computing, MEC）等新技術。

5G服務儘管有商機,但也相對帶來了各種不同的資安風險,例如基於高畫質影像傳輸與虛擬實境體驗,若受資安攻擊造成服務中斷,將帶來不小的商業損失;另如自駕車此類要求超低延遲性、超高可靠度的應用,若因遭受資安攻擊,導致網路訊號的中斷,將有可能引發不可逆轉的疏失;又或智慧電錶等需部署大量連結物件、物件密度高且涵蓋範圍大的應用,不但系統易受攻擊,也可能造成大量的個人隱私資訊洩露。

5. IT與OT融合帶來更多資安威脅

工業4.0成為製造業追求的方向之後,以往封閉式的工控環境也慢慢開始走向開放式,與網路的連接頻率也提高,這讓工控設備成為駭客覬覦攻擊的目標。近年來全球各地工控資安事件頻傳,惡意病毒的威脅管道更加廣泛,手法也更為刁鑽,包括德國煉鋼廠熔爐控制系統遭駭、伊朗核能設施遭病毒侵害、烏克蘭電網遭駭大斷電、台積電產線遭入侵停擺等。根據資安大廠卡巴斯基實驗室《The State of Industrial Cybersecurity 2018》的調查數據顯示,65%的企業認為工控資安加上 IoT 之後風險會更加提高,面對各類資安挑戰,智慧工廠勢必須落實資安的風險管理。

6. 駭客的勒索軟體野火燒不盡春風吹又生

觀測近期資安產業動態,可以發現駭客的勒索軟體的攻擊目的已經轉變,並且趨向多元;早期勒索軟體會透過電子郵件或網頁方式誘騙使用者下載或點擊,而最近則是採取「針對式方式」,針對目標式主機進行各種形態漏洞(包含系統與軟體)攻擊之後,進行一連串的破壞性侵襲。勒索軟體已不再只是將電腦資料加密獲取贖金,也開始朝家庭、企業間之各類物聯網裝置下手,而且態勢如同野火般,遍地蔓延且從未間斷。

7. 防疫與防駭雙管齊下的資安防護

面對疫情挑戰,遠端辦公已成全球企業維持營運的關鍵,但企業外部儲存資源、不明的網路資訊暨攻擊等挑戰卻成為企業資安的

破口。從基礎架構（Infrastructure）、裝置設備（Devices）、應用服務（Applications）、維運管理（Operations）等四個面向。

企業除了防疫之外，更應部署相關防駭的資安防護機制，包括 VPN 用戶存取管理、流量與行為的監控、駭客攻擊行為的防護如 Email 釣魚郵件／惡意網址連結；用戶裝置資安控管（用戶身分驗證、連線設備加密等）、身分控管（密碼管理工具）；資料加密與備份機制、雲端應用服務的資料盤點與權限盤點；弱點掃描與漏洞修補等。

（二）大廠動態

觀測資訊安全大廠的動態，不論是雲端服務大廠、傳統資安業者或是大型資訊服務業者，面對持續加劇惡化的資訊安全環境，透過市場收購新創資安業者的確已成為一條快速建立安全護城河的終南捷徑。而且回顧近年來併購的十大事件，可以發現不外乎強調並聚焦在跨域、跨業的結合與透過轉型升級（營運卓越、客戶體驗、商模再造）的歷程來強化競爭力。

以 2019 年被併購方的資安所屬次產業：30%是資安服務供應商；身分與存取管理占 22%；網路與端點安全占 15%，反惡意軟體占 11%。更特別的是，2019 年將近 13%的資安併購交易是由私募股權公司進行的，此一比例為近十年新高。而 2020 年較大的資訊安全併購案則有 Insight Partners 買 Veeam（50 億美元）、Symphony Technology Group 買 RSA（20 億美元）、Advent International 買 Forescout（19 億美元）、Hellman & Friedman 買 Checkmarx（11.5 億美元）、Insight Partners 買 Armis（11 億美元）。

表 3-1 2019-2020 年前十五大資安併購案

排序	併購方	被併購方	觀測重點
1	Broadcom	Symantec 企業安全部門	2019 年 11 月宣布以 107 億美元收購，為 2019 年最大的資安併購案。2020 年 9 月 Broadcom 再將其網路安全服務部門拆售給 Accenture，在這項交易後，Symantec 企業安全部門將整併到 Accenture 資安服務部門下
2	Thales	Gemalto	Thales 2017 年 12 月宣佈以 56 億美元收購 Gemalto，歷時 15 個月後在 2019 年 4 月完成併購
3	Insight Partners	Veeam	私募股權投資公司 2019 月 11 月宣布以 50 億美元收購
4	Francisco Partners, Evergreen	LogMeIn	私募股權投資公司 2019 年 4 月宣布以 43 億美元收購
5	Thoma Bravo	Sophos	私募股權投資公司 2020 年 3 月以 39 億美元完成收購
6	VMware	Carbon Black	2019 年 8 月宣布以 21 億美元收購
7	Symphony Technology Group	RSA	私募股權投資公司 2020 年 9 月宣布以 20 億美元收購
8	Advent International	Forescout	私募股權投資公司 2020 年 9 月宣布以 19 億美元收購
9	OpenText	Carbonite	2019 年 11 月宣布 14.2 億美元交易案；2020 年 9 月 Carbonite 以 6.18 億美元收購 Webroot

排序	併購方	被併購方	觀測重點
10	Hellman & Friedman	Checkmarx	私募股權投資公司 Hellman & Friedman 以 11.5 億美元從私募股權投資公司 Insight Partners 收購，2020 年 3 月完成收購
11	Insight Partners	Armis	私募股權投資公司 2020 年 9 月宣布以 11 億美元收購
12	F5	Shape Security	2020 年 9 月宣布以 10 億美元收購
13	Jacobs Engineering Group	KeyW	2019 年 4 月宣布 8.15 億美元之交易案。Jacobs Engineering Group 計劃將 KeyW 整合到其航空、技術與核能業務中，擴大其在情報、網路及反恐領域的服務
14	Insight Venture Partners	Recorded Future	2019 年 5 月宣布 7.8 億美元之交易案。Insight Venture Partners 擁有眾多的資安公司投資組合，包括對 Tenable、OneTrust、Thycotic、Darktrace 及 SentinalOne 的所有權或投資
15	Orange	SecureLink	2019 年 7 月宣布 5.77 億美元之交易案。繼 2018 年 AT&T 以 6 億美元收購 AlienVault 之後，又有一家電信公司進入了資訊安全領域，2020 年 9 月又收購了英國的 SecureData

資料來源：網路公開新聞資訊（2020/4），資策會 MIC 經濟部 ITIS 研究團隊，2020 年 9 月

（三）未來展望

1. 全球雲端資安產品暨服務的營收，未來成長可期

在需求端方面，由於雲端的威脅將會持續增加，因此全球雲端的資訊安全產品暨服務的營收，在未來五年內會有三倍的成長。在

第三章　資訊軟體暨服務市場個論

供給端方面,亦會有更多的資安軍火供應商,透過併購或深化服務來對應快速成長的市場需求。

2. 網路釣魚攻擊是資料外洩事件發生的主要原因之一

網路犯罪集團竊取資料之主要目的包括:製作偽卡、進行詐騙、冒用身分、恐嚇取財等。然而對網路犯罪集團最有價值的資料類型則包括:會員姓名、出生日期、社會安全碼／身分證字號、會員編號、電子郵件地址、郵寄或住家地址、電話號碼、銀行帳號、醫療資訊、理賠資訊等。根據近期的國際資安情資顯示,隨著新型冠狀病毒肺炎(COVID-19)疫情的擴散,愈來愈多的駭客組織,藉由COVID-19為主題,寄送含有惡意程式附件的釣魚郵件,進行網路釣魚之攻擊,因此網路釣魚未來勢將成為資料外洩事件發生的主要攻擊手段之一。

3. 人工智慧在資安的應用上就像一把雙面刃

而 AI 的應用在資安的辨識上,便可透過觀察 Deepfake 影片的臉部模糊度、不規則的眨眼頻率(Deepfake 影片的人幾乎不眨眼)來辨識,進而做好資安的防禦準備。所以 AI 就像一把雙面刃,儘管 Deepfake 詐騙盛行,未來勢將有更多像 Crowdstrike 的資安新創,會致力運用 AI 來進行詐騙分析、優化端點防禦策略進而用 AI 來防禦資安威脅。

4. 資安合規已成未來 5G 市場決戰關鍵

網通設備漏洞已成為 5G 服務快速發展中最不穩定的變數,因為在 5G 還沒起飛之前,資安戰已經悄悄在各國開打。從歐盟的「一般資料保護法規」(General Data Protection Regulation, GDPR)的實施,以及「網路與資訊系統安全指令」(Directive on Security of Network and Information Systems, NIS Directive)、「歐盟網路安全法案」(EU Cybersecurity Act)等資通訊資安監管措施。

加上美國加州的「萬物聯網裝置的資訊隱私法案」(Information Privacy:Connected Devices)及「加州消費者隱私法案」(California Consumer Privacy Act 2018, CCPA);以及 2020 年 3 月美國白宮發佈

《美國保護 5G 安全國家戰略》及《保護 5G 安全國家戰略》等，以上這些「資安合規」儼然已成為未來 5G 市場決戰關鍵，面對 5G 多元技術發展，資訊安全業者實應針對不同市場需求進行佈局。

5. 提升智慧工廠在工控系統的資安防禦力

過去，企業將網路環境分成 IT 與 OT，往往最快導入的是工業防火牆，「隔離」是最初步也是主要的防禦手法。若再深入往 OT 場域部署，因機器設備走不同的協定跟原始碼，必須解碼設備軟體中的原始碼，才有機會重新開發出適用的資安軟體。但各家設備規格不一，有很大程度的開發難度。因此相關業者若希冀未來在發展智慧工廠的工控系統之資安防禦力時，就必須與國際標準如 IEC 62443 接軌，作為在國際市場競逐時，資安佈局的必要工作。

6. 勒索軟體將對雲端儲存暨服務展開攻擊

目前的物聯網還是比較著重在使用性，安全性問題較容易被忽略並放在較後面的順位，這也導致攻擊者可以趁機進行滲透與勒索。過去個人的資料泰半會存在終端電腦，但為了避免勒索軟體的攻擊，亦會放置在雲端上進行備份，企業亦是如此，愈來愈多企業都將資料放置在雲端，但這自然也成了攻擊者的下一個目標；所以可以預期未來勒索軟體，勢將會對雲端儲存、儲存空間等相關服務，這些備援的「避風港」下手並全面展開攻勢。

7. 宅辦公衍生的資安防護商機

自新型冠狀病毒肺炎（COVID-19）疫情在全球擴散蔓延以來，也創造了遠距辦公的情境，在家工作（Work from Home, WFH）更成為資安防護的破口，駭客以新冠病毒肺炎事件之名義，見縫插針、大肆攻擊，隨著疫情可謂從未間斷，佈局遠端工作的資安防護機制，亦成為一種企業商務運作的新常態（New Normal）。因此藉由商機的拓展，勢將讓資訊安全相關產業受惠，包括基礎架構供應商如防毒軟體、網路安全（Network Security）等業者；資訊安全服務供應商如遠端存取與控制、特權帳號管理、雲端資安監控分析等業者。

第四章 臺灣資訊軟體暨服務市場個論

一、系統整合

（一）市場趨勢

臺灣系統整合市場主要透過資訊服務業者代理國內外資訊軟硬體，協助企業客戶執行導入、安裝、客製化、系統整合、維護等服務；系統整合市場亦可細分為系統設計業務、系統建置服務以及顧問諮詢服務三個部份。

臺灣系統整合業者以系統建置服務為主，輔以系統設計業務以及顧問諮詢服務，對於大多數企業需求方而言，為求整合、便利與一致性，將系統設計與建置、顧問諮詢合而為一。由於系統整合業務高度重視服務，對於行業別的知識高度要求，因此長期以來臺灣的系統整合業者以內銷市場為主；以領域別區分，金融、製造、流通等領域需求為大宗。

早期臺灣資訊服務業者主要透過代理國外伺服器、網路設備、系統套裝軟體、應用套裝軟體等軟硬體，協助本地企業客戶進行安裝與導入，逐步進入本地企業系統應用市場。隨著企業的發展與營運策略的調整，許多標準套裝軟體的功能不足以因應企業需求，衍伸出企業客戶個別專屬的需求，資訊服務業者進一步朝向提供客製化調整方案，以滿足客戶需求，隨著行業經驗的累積，逐步建立完整的行業別應用解決方案，提高資訊導入的附加價值。今年因為疫情的影響，增加企業數位轉型的比例，臺灣系統整合市場將受惠於以下發展：

(1) 防疫應用：企業營運模式在疫情期間產生變化，實體場域上業者嘗試無接觸式的應用，而企業內部採用在家辦公的遠端工作模式，當前疫情的企業轉型需與既有的商業、辦公模式進行整

合，將驅動系統整合業者在非接觸環境下的軟硬體整合規劃以及資訊安全架構規劃需求。

(2) 資訊安全：當前企業所面對的資安攻擊型態迥異於過去，資安防護也需與時俱進，再加上民眾對於個人資料安全意識抬頭，如企業無法有效地保護個人資料，將影響企業的品牌形象，甚至直接衝擊企業營運，企業將面臨莫大的損害。因此，當前企業資安防護觀念當從各行其是走向整合因應，驅動企業端相關資安產品與服務的整合規劃需求。

(3) 雲端服務：公有雲架構具有彈性與便利性，私有雲架構擁有較高的隱私及資料安全，企業在雲端部署上朝向混合雲的架構發展。臺灣的中大型企業普遍因為資料安全疑慮，在雲端部署上採用混合雲的架構，不同環境的系統連結、頻繁的資料流動及資料安全部署，成為系統整合業者在混合雲需求下的新商機。

（二）產業動態

臺灣系統整合業者主要業務以代理國外硬體產品或軟體產品為主，根據企業客戶的個別需求，提供系統安裝、系統維護、軟體客製、異質軟體整合乃至於發展適合本地市場、各種行業的整合性解決方案。

因此，臺灣諸多資訊整合業者經常身兼國際大廠夥伴及產品服務代理商的角色，國際資訊大廠在推展臺灣市場業務時，強調生態系整合，常以結盟、夥伴關係形式結合國內系統整合大廠共同開發國內市場，系統整合業者需要解決跨系統、跨架構的串接整合問題，提供給客戶完整的解決方案。

近年系統整合業者積極朝向海外市場發展，在中東及東協地區有不錯的成績，系統整合業者整合國內主系統、次系統、零組件、設備廠的資源，成功的將完整解決方案輸出海外，臺灣系統整合產業主要有以下發展：

1. 人工智慧應用

在疫情期間，人工智慧人臉辨識技術扮演無接觸介面的重要技術應用，透過人臉辨識技術能有效地辨識個人的身分、性別、年齡、情緒等，可應用在安防管理、客群管理、設備安全以及門禁管理系統等。

(1) 無接觸式辦公空間管理

透過人臉辨識技術整合門禁管理系統、電梯控制系統等裝置，應用在辦公環境中，在人臉辨識技術辨識特定個人後，進行辦公室進出管制，並在進入電梯後，能夠在避免接觸樓層按鈕的狀況下自動辨識搭乘者的辦公樓層，有效地確保無接觸控制以及辦公室人員控管安全。

人臉辨識後，也能建立訪客清單，並連結拜訪日期與時間等資料，在疫情期間能夠達到訪客管理，有助於疫情關聯可能人員追溯，系統整合業者整合硬體設備商以及軟體服務商，降低臉部辨識應用所需的硬體需求規格以及部署成本，協助企業導入系統。

(2) 智慧零售

在智慧零售應用中，臺灣系統整合業者著重在目標性廣告投放以及客群管理應用上，透過人臉辨識技術分析消費者的特徵，包含會員身分、黑名單顧客、年齡、性別、情緒等，能依照不同的客戶群體投放不同的目標性廣告。

而在室內特定範圍的環境下，也能進行消費者熱點分析，透過攝影鏡頭進行消費熱點分析，以協助零售業者掌握不同客群的消費偏好與趨向。

2. 資訊安全

資訊安全威脅持續演進，而隨著企業資訊化程度提高，對於資訊安全的議題足以直接影響企業的營運，從客戶資料保護、各個裝

置端點安全、雲端資料防護等，如遭駭客入侵，皆會對於企業造成莫大的危害。

(1) 防疫期間資訊安全

在新冠肺炎疫情期間，企業啟用在家辦公的模式，多數企業並無針對員工在家辦公可能遇到的資安風險進行防範，系統整合業者整合雲端服務以及加密連線模式，提供企業防疫期間的遠端辦公應用以及資訊安全防護。

系統整合業者提供專用安全加密連線以及特權帳號管理方式避免企業內部資料在傳輸過程或是帳號越權的狀況而遭到竊取，此外，在遠端的行為也將會進行側錄，記錄遠端連線的行為，以利於後續資安危害的問題追溯。

除遠端辦公的安全防護外，實體安全的防護也經常被忽略，在疫情期間由於多數員工在家辦公，辦公室內的員工相對較少，甚至成為無人的辦公室，增加實體辦公室安全的風險，系統整合業者也透過門禁管理系統搭配防疫需求，可有效地避免實體資產遭到入侵破壞。

(2) 金融資安

在金融安全上，系統整合業者開始著重在異常行為分析，透過人工智慧與機器學習技術進行行為分析，相對於傳統資安著重在外部威脅，異常行為分析能夠防範進階持續性攻擊以及內部惡意員工的資安風險。

(3) 工控安全

過去工控系統安全多透過防火牆進行隔離防護，但隨著工業 4.0 的發展，工業控制系統與資訊系統的整合度逐漸提高，傳統的防火牆已難以確保系統的安全，工控安全逐漸受到重視。臺灣系統整合業者也逐漸投入工控安全的防護，結合人工智慧建立設備的行為模型，偵測設備的異常行為，透過事件管理的安全監控方式，確保工業控制系統的安全。

3. AIoT 應用

物聯網應用橫跨各垂直領域，物聯網裝置更是五花八門，物聯網應用的關鍵為軟硬整合的搭配，在感知層、網路層、平台層、應用層皆有系統整合業者可加值的地方，因此蓬勃發展的物聯網應用自是系統整合業者發展重點，除了裝置的整合外，業者開始重視數據分析的價值，對於資料的儲存、分析、應用為系統整合業者主流的發展方向。

(1) 智慧城市

智慧城市的部署大多與各地方政府支出有關，主要應用在建築、交通、防災防洪等，以交通領域為例，系統整合業者將多種控制元件、硬體裝置、感測器整合成智慧路燈，常見的應用包含在路燈上加裝連網功能以及空氣品質感測器、攝影鏡頭等多系統整合物聯網裝置設計，系統整合業者不僅是將硬體整合，在後端的物聯網管理平台為管理的重要平台，能夠達到降低維護成本、遠端控制、數據分析等功能。

(2) 服務型機器人

機器人為物聯網與人工智慧結合的重要應用，目前主要應用在零售、金融等產業，服務型機器人在面對客戶時，主要透過影像辨識以及自然語言處理認知客戶需求，再提供客戶需求的行動；近期因疫情的影響，業者將體溫量測、口罩配戴感測等功能加入人形機器人中，有效減少人與人的直接接觸，也可降低第一線防疫人員的人力負擔。

(三) 未來展望

企業的數位轉型並非僅單純升級軟硬體設施，也非僅協助企業導入或整合新興科技應用即可，企業數位轉型的核心價值在於結合企業未來經營方針，重新思考企業資訊架構，以建立一個可充分支持企業數位營運的基礎環境。如系統整合業者仍維持舊有觀念，僅

從局部需求思考資訊系統,而非從企業營運面切入,將難以協助企業勾勒其數位轉型的樣貌,成為企業營運成長的數位夥伴。

從技術面來看,系統整合業者目前面臨混合雲架構、資訊安全的防護、物聯網應用、乃至於人工智慧等新興技術之挑戰,若無法在技術上與時俱進,亦難以因應企業技術所需,建構合宜企業之資訊架構。

國內業者的系統整合能力十分優越,但系統整合的成本在於人力,以資訊服務及軟體產業來說,系統整合的附加價值相對為低,國內的業者應思考讓資訊服務與企業的經營績效進行掛勾,協助企業數位轉型的同時,能反饋到企業經營績效上,以提高人力服務的附加價值,此外,政府應積極地鼓勵國內企業採用新興科技,提高國內業者解決方案的成熟度,將是市場外銷的重要關鍵。

二、資訊委外

(一)市場趨勢

資訊委外指的是企業將資訊軟硬體的開發、維護與企業流程等業務,以超過一年以上的長期契約,委託服務提供商代為處理。臺灣資訊委外服務市場依服務類別差異,可以分為資訊管理委外、流程管理委外、程式開發委外、系統維護支援等。臺灣常見的資訊委外服務契約有以下三種:

1. 專屬委外團隊

提供客戶專屬的開發團隊,資訊委外從前期的系統設計、規劃、導入以及後期的系統維運等流程,由專一團隊完成,必要情況也會提供駐場服務,以時間為單位的契約形式,而交付大多數為疊代式,開發人員隨專案進度不斷深入客戶需求,進而提交更適合的產品與服務,專屬委外團隊通常具有敏捷式開發的特色。

2. 特定案件委外

　　針對特定案件需求委託開發,依照客戶需求提供系統顧問、方案架構設計、開發、測試、導入等服務,在契約簽訂前期即訂定最終交付的報價及成品預估,對於客戶而言較易掌握專案成本,政府機構的系統建置標案通常採用此種模式。

3. 產品客製化委外

　　依照企業需求提供客製化的開發服務,通常在既有產品上加值,提供專屬的開發服務,委外廠商針對垂直領域特色以及特定的使用情境下提升產品的易用性、介面友善程度等,契約簽訂會設立查核點以及開發計畫里程碑作為客製化服務的基礎。

　　資訊委外的目的主要是企業因應聚焦核心事業及專業人力不足的問題,將部分資訊服務委由外部第三方業者執行,將企業資訊化交由專業的服務團隊處理,在資訊投資上更具彈性,且能有效地達到降低運作成本及提高執行品質的效益。

4. 資訊管理委外

　　傳統資訊委外包含服務商針對客戶擁有的資訊軟硬體設備提供資訊系統日常營運的管理,諸如電腦的軟體安裝、版權管理的資訊管理委外,臺灣在傳統資訊管理委外市場方面,過去主要以實體主機代管服務為大宗,由自有資料中心或租用資料中心的一類或二類電信業者,提供企業主機設備置放、連接、遠端管理維護的服務。

　　近年企業資訊環境逐漸走向虛擬化與雲端架構,免去前期的建置成本,具有較靈活的擴充彈性且部署快速,導致傳統資訊管理委外的市場規模逐漸縮減,加上因應雲端技術的演進,以及單位網路頻寬的價位降低,受到許多國外大型業者分食,企業對傳統資訊委外業務的需求朝向雲端服務移轉。

5. 企業流程委外

　　企業流程管理委外將業務處理流程、人力、電腦系統均委託給業者;臺灣最為常見的流程管理委外為客服中心委外、信用卡處理

流程委外、帳單列印委外等。企業流程委外管理由於企業經營環境日趨複雜，持續聚焦本業、切割非核心業務或營業活動，成為企業保持競爭能力的一帖良方。

臺灣在企業流程委外需求方面，對於金融業務相關的委外而言，均具備在地化需求的特質，如行銷中心、各類帳單等，均涉及金融法規對於資料落地的限制，較無跨國競爭的問題，流程委外廠商提供信用卡資料輸入、徵信、信用評等、紅利點處理等服務。

對於客服中心委外而言，臺灣企業在面臨勞動力成本逐步走揚的情況下，將直接驅動委外客服中心業務的成長，但臺灣經營客服中心的成本逐漸提高，可能為境外客服中心委外服務業者分食，而不少業者將部分客服服務轉移至社群媒體上，透過聊天機器人回覆客戶問題，也有效地降低人力成本的需求。

對於供應鏈流程委外而言，供應鏈流程委外則有運輸、倉儲、產品回收維修等物流活動的委外市場，在臺灣製造業回流、企業自建物流不敷成本之情況下，將逐步釋放出來，有助於增進供應鏈流程委外的市場規模。

6. 程式開發委外

程式開發委外補充企業程式開發人力不足，提供企業設定規格的程式開發，以及提供企業擁有之軟硬體系統的年度保固、升級的維護支援與教育訓練的系統維護支援；程式開發代工主要協助企業開發、測試、部署、品質保證應用程式的開發與生命週期管理。

（二）產業動態

在臺灣資訊委外市場方面，廠商的服務種類繁多，提供相關服務的廠商類型各不相同，如系統整合商、軟體服務業者、電信服務業者或客服中心等。本段落主要介紹臺灣市場主要經營委外服務的廠商動態。

1. 資訊管理委外

資訊管理委外主要協助企業代管主機系統，由自建及租用型的資料中心提供服務。近年來受到公有雲端服務接受度提高，加上國際虛擬主機代管業者的競爭下，其經營環境日趨艱難。

部分發展資訊管理委外加值服務，從傳統資訊設備軟硬體的支援服務以及特定系統性的維運，朝向主動性的維運管理服務，提供企業資訊軟硬體資產配置建議、系統運行監控平台、系統升級優化、架構改善等建議。

也有業者逐步開闢各類雲端服務，如提供一站式的雲端服務平台，以及視覺化的介面呈現方式提供管理加值的服務，或是直接代理國際公有雲業者產品服務等。在自有虛擬主機服務方面，業者提供基本的雲端虛擬主機環境，或是在基本虛擬主機環境上，加值提供包括資料庫、電子郵件、網域管理等服務，包括自建資料中心業者或租用資料中心業者均提供此服務。

在提供自有雲端服務方面，多半是以自建資料中心業者為主，利用本身硬體設施基礎下，提供企業 IaaS、PaaS 與 SaaS 等公有雲服務，或虛擬私有雲服務。至於在面對國際公有雲服務業者競爭下，亦不少業者選擇競爭又合作的模式，即成為國際公有雲業者產品或服務的代理商。

2. 企業流程委外

企業流程委外為協助企業營運流程中的某個環節，以降低企業營運成本或是提高服務品質，臺灣最為常見的企業流程委外為客服服務中心委外、金融流程委外或供應鏈流程委外等，客服中心委外占企業流程委外的占比最大，以電信公司下轄或分割的客服業務業者最具規模，其次為金融流程委外。

(1)客服中心流程委外

傳統客服中心委外將企業繁瑣但人力需求高的電話接聽中心業務切割，逐漸演變成企業提供更廣泛的客戶服務業務，隨著企

業客戶溝通的管道不同，客服中心流程委外提供社群互動行銷委外、通訊軟體（以 LINE、Facebook Messenger 為主流）管理委外等服務。

而隨著人工智慧的發展，客服中心委外廠商透過自然語言處理以及機器學習技術發展智慧客服，透過聊天機器人回應客戶需求，客服中心委外從被動的產品服務客訴轉向主動的產品行銷、客戶引流，透過掌握客戶決策流程進行客戶行為分析。

(2)金融流程委外

金融業務委外包含收單、發卡帳務委外、信用卡業務委外等，如協助信用卡申請文件建檔、客戶資料建檔及維護、信用卡徵信、客戶信用評等、郵購及信用卡紅利積點業務等，金融流程委外廠商透過自動化技術以及相關智慧化工具提高處理效率。

(3)供應鏈流程委外

供應鏈流程委外多由傳統的第三方物流業者所經營，提供包括運輸、倉儲服務等業務流程委外。

3. 程式開發委外

程式開發委外主要的目的在於補足企業程式開發人力不足之困境，諸多臺灣資訊服務業者、系統整合廠商均提供這類型的服務。亦有專業程式開發委外廠商側重軟體產品本地化，或協助微軟、IBM等國際軟體產品業者進行產品本地化、產品客製化服務。

（三）未來展望

傳統資訊委外受到雲端應用、物聯網應用、人工智慧技術之影響，逐步改變服務內涵以及產業樣貌，能夠積極掌握雲端技術的業者，無論是傳統資訊委外轉向公私有雲服務提供、透過雲端環境建立擴充性更好的企業流程委外能力或支援性更好的程式開發環境，方能在新情勢下站穩市場腳步。

流程委外方面，以人工智慧技術為基礎的客服機器人應用，逐步取代傳統人力客服，切分基礎服務與專業服務，人工智慧客服在成本、效能方面勝出，而客服的通路也從電話客服轉移到社群媒體上，在客戶習慣的通路上提供客服服務。

程式開發委外方面，隨著行動應用、物聯網應用的持續發展，多元的平台與複雜的開發環境，有助於程式開發委外代工廠商的商機提升。

三、雲端服務

（一）市場趨勢

目前臺灣雲端運算廠商主要以 OEM、ODM 資料中心的伺服器、機殼、存儲設備、網通、電源系統等硬體設備為主。受惠於白牌硬體的市占率提升成為資料中心應用的主流，臺灣廠商的營收在近年都有顯著地提升。在雲端服務方面，以臺灣電信營運商服務企業用戶為主，已有廠商開始發展產業應用的雲端平台服務，但處於初期發展階段。當前白牌商機仍是國內廠商主要的市場，硬體與 Software-Defined 技術的整合，以及持續把握開源專案帶來的資料中心硬體設備商機，仍是為未來主要的發展方向。

雲端運算在過去 10 年國內外大廠不斷進行技術研發，加強使用者信心。隨著人工智慧、物聯網、邊緣運算和區塊鏈等新興科技促使企業開創新商業模式，同時帶來大量的資料運算和儲存需求，企業拋棄自有伺服器選擇採用雲端運算服務，使 2019 年雲端運算服務市場成長顯著。

臺灣在雲端資料中心硬體供應鏈中扮演重要角色，在此波雲端運算服務需求成長趨勢之下，國際雲端運算服務大廠皆積極擴展其雲端服務市場版圖，在與國際雲端服務大廠合作下，臺灣的伺服器、機殼等硬體廠商營收持續大幅成長。

（二）產業動態

　　雲端運算產業依供應鏈上下游主要可以分為三個次產業，即雲端硬體設備、雲建置軟體與服務產業，以及雲服務與資料中心產業。2019 年臺灣雲端運算產業總產值達新臺幣 9,149 億元，預估 2020 年將成長至 10,024 億元，2015 年至 2020 年之年複合成長率為 12.09%。就整體雲端運算產業而言，預估 2020 年之附加價值達 982 億元，占總產值 10,024 億元之附加價值率為 9.80%。

　　臺灣在雲端運算服務業者，目前在基礎建設即服務（IaaS）方面，以中華電信、是方電訊提供 IaaS 服務最為投入使用國產的雲端軟體；臺灣大哥大、遠傳與宏碁 eDC 也都有提供公有雲服務。

　　在 IaaS 整合服務方面，則有許多代理或技術服務業者，幫助國內企業快速導入國內外大廠提供的雲端運算服務，較小型專業的有 CloudMile、伊雲谷、銓凱、GCS 等，而精誠資訊、大同世界科技等也都是投入雲端運算很久的大型系統整合業者。

　　在軟體即服務（SaaS）方面，許多企業資源軟體公司，也開始轉型提供雲端服務，例如鼎新電腦開始提供雲端 ERP 服務。此外，不論在 ERP、CRM 或是辦公室協作、eLearning、通訊與物聯網服務等，都有很多業者投入 SaaS 服務。

　　而雲端業者的下一步，許多業者開始進一步提出大數據分析、物聯網建置與分析服務，甚至進一步進展到雲端 AI 人工智慧分析服務，提供智慧語音機器人、影像辨識等應用服務，成為產業下一階段導入的挑戰。

　　雲端運算已經是產業普遍認同的技術，因此國內雲端運算服務產業也蓬勃發展。不論在 IaaS、PaaS、SaaS，臺灣資通訊廠商投入在雲端運算市場的家數和規模也逐步增加，產值也逐年提高。目前包括伺服器、網通設備、資料中心、系統整合、軟體開發與電信廠商等業者均積極投入。推估至 2020 年，隨著雲端服務發展帶來的市場綜效，產值將會穩步成長。

（三）未來展望

1. 原生雲端服務增加，多雲端環境成主流

在全球電信營運商致力布局 5G 網路環境下，各種規模的應用可透過快捷便利的網路由雲端布局。此外，各大雲端基礎建設服務商如 Google 與 Amazom 均在 2018 年積極擴建雲端資料中心，縮短服務的延遲時間，提供高效率的資料處理能力。在此背景下，各式原生雲端之應用透過大型平台的協助，得以有效布局。

對企業而言，單一雲端平台將難以滿足所有工作需求，故多雲端環境之布局將成為企業面臨的下一個議題。2019 年將有眾多企業布局多雲工作環境，以提高企業效率與數位轉型。此舉可望帶動市場上多雲端工具與平台整合的組合性產品發展，軟體供應商將持續推出多雲端解決方案，以推動跨雲環境之無縫接軌。

2. 大型資料中心白牌伺服器及儲存比重成長，受惠臺灣廠商

臺灣在雲端資料中心硬體供應鏈中扮演重要角色，近年來在雲端運算服務需求成長趨勢之下，AWS、微軟、Google、Facebook、阿里巴巴與騰訊等國際雲端運算服務大廠皆積極擴展其雲端服務市場版圖至東南亞市場，並規劃建置在地資料中心提供雲端服務，臺灣伺服器廠商除了傳統伺服器大廠如戴爾、聯想、惠普的訂單之外也與國際雲端服務大廠合作，營收持續大幅成長。

近來資料中心中的儲存設備比重逐漸成長，臺灣伺服器代工大廠不僅在原有的伺服器業務高速成長，也擴展儲存設備的比重，亦積極轉型提供資料中心系統整合服務，除了硬體的代工外，加值提供軟、硬體整合的資料中心解決方案，持續強化在雲端資料中心的服務能量。

3. 中美貿易戰持續延燒，影響臺灣資料中心硬體供應鏈廠商

中美貿易戰影響雲端大廠資料中心建置成本大幅提高，因短期內大型資料中心客戶會吸收相關成本，對臺灣雲端資料中心硬體供應鏈廠商不致於有太大影響，後續對有經營 Tier2／Tier3 雲端服務供

應商如 Uber、Airbnb 的臺廠業者有較大影響。臺灣廠商亦規劃將產線移出中國大陸生產以避免關稅問題，整體而言，預估全球雲端運算服務市場往成長趨勢發展，企業 IT 基礎架構規劃之趨勢往雲端運算方向發展。

臺灣系統整合廠商在第一線面對企業時，感受到企業主對運用新興技術協助企業轉型發展的認知程度不足，需有計畫安排企業主對於企業轉型發展的商業策略課程，幫助企業主提高願意採用新興技術發展新的商業模式。再者臺灣的新創業者能看到市場的需求進而快速開發出產品，唯創業需要資金與人才，需政府在資金與人才培育兩方面給予支持，對他們會有很大的助益。最後對於綠能產業發展部分，因臺灣市場小，資料少、缺乏整合，尚未出現建置大型監控系統的需求；需先刺激市場需求，提供穩定的網路傳輸方式，使再生能源電價下降，以活絡市場。

雲端運算已經是產業普遍認同的技術，因此國內雲端運算服務產業也蓬勃發展，不論在 IaaS、PaaS、SaaS 都有大量業者投入。人工智慧已然是未來數年至數十年雲端產業核心議題，人工智慧核心技術之發展，使用資料的質與量皆為關鍵，國內人工智慧的發展可以公用領域開放資料為始發展人工智慧技術。

對於未來的持續發展，政府投入計畫可以加強訓練 AI 人才培育，並透過活動辦理，引導企業老闆投入相關技術研發。AI 等新興技術需要大量資源投入，政府應透過產業補助，幫助新創業者成功營運。需求方在導入公有雲系統，往往有網路串接的問題，需要新興網路技術持續投入，協助業者突破成本難關。

政府需持續與企業攜手合作，致力將應用落實，同時進行人才的訓練，思維改變，法規鬆綁，提供產業更大的空間，激發新創的力量。

4. 物聯網與雲端的智慧應用

物聯網是雲端架構下的一項應用，兩者關係密不可分，有了雲端技術的支援，才能達到物聯網中萬物皆可聯網的願景。觀察臺灣

在「端」裝置與「雲」設備，包括感測器與物聯網終端整合製造能力，在全球具有相當的優勢，唯對特定演算法晶片則與全球一樣，皆處探索開發期，因此如何利用優勢所在以截長補短、借力使力，發展如智慧工廠、智慧物流、醫療照護等智慧化的雲端與物聯網應用服務，為我國在尋找雲端服務之出海口與附加價值提升之經濟發展轉型的擘畫路徑。

5. 加速掌握雲端產業發展的利基

2020 年，由於新冠病毒的疫情將促使中國大陸加速 5G 基地台拓建的速度和數量，預期 5G 時代資料量會大幅增加，提升電信業者的伺服器需求。5G 普及的速度優於先前市場的預期，代表電信業者對伺服器需求可能會提早到來。臺廠應該在爭取電信業者用戶的同時，加速針對電信業者／雲端廠商研發的軟硬體解決方案，掌握在雲端產業發展的利基。

近年來政府致力智慧服務技術開發，以協助產業轉型與發展新事業，創造高價值整合服務；以智慧系統服務推動雲端應用，提升雲端服務價值；帶動臺灣資通訊軟體及服務業知識化、高值化與國際化。面對雲端與物聯網環境的快速成長與新經濟時代下之產業發展，為提升並有效整合雲端與物聯網軟體及關鍵技術開發能量，以臺灣優勢產業為後盾，綜效思考相關開發，發展未來產業應用所需之關鍵軟體技術，強化臺灣產業優勢地位，形成典範應用及擴散，落實產業化的輪廓。

臺灣製造業主要以出口為主，必須面對國際競爭，在德國、美國、日本、中國大陸等主要國家皆積極推動製造業升級下，臺灣製造業亦有數位轉型的迫切性。而對製造業而言，數位轉型的核心即是往工業 4.0 發展。「智慧製造」從 2014 年開始被產業界所關注，雖然在 2017 年相關技術與應用才開始成熟，導入智慧製造的關卡在 2017 年開始有企業提供破解之道，例如機器設備連網部分，開始有統一標準的規劃；而在資料分析模型建置與資料數據應用部分，學研單位也開始與產業界進行交流。然這些技術開發與應用擴散其實都不難且都持續進行，但是觀察現階段產業開始導入的比例卻不

高，關鍵即是在於企業主本身的投資意願，畢竟智慧製造的資本支出相當龐大，加上可以回收的年限也相對較長，冒然決定投資都將影響企業的經營績效。因此，何時可以出現「高性價比、高安全性、高整合性」以及符合臺灣產業特性的解決方案出現，相信才是臺灣提高「智慧製造」導入比重的關鍵。

臺灣中小企業的比例比較大，工廠規模比較小，偏向代工的屬性縮短了在整個供應鏈的縱深。未來產品客製化的傾向若日趨明顯，建立臺灣獨特的智慧型小型產線特色，有別於先進國家的大型產線，是非常有必要的。因此未來臺灣必須定義適合的產線規模，在供應鏈能夠發揮的力量，規劃出具前瞻性的商業模式。並聚焦在軟體的發展，培養能夠熟練運用數位技術的人才，方能提升製造業的競爭力。

四、資訊安全

（一）市場趨勢

5G 及智慧物聯網（Artificial Intelligence & Internet of Things, AIoT）加速雲端服務（Cloud）與網路安全（Cybersecurity）的深度融合。物聯網蓬勃發展下，各種垂直領域的多元智慧化服務逐漸受到關注，如：智慧製造、智慧交通、智慧零售、智慧安控、智慧家庭、智慧能源等；但物聯網乃佈建大量的實體感測器，並蒐集資料後，透過 Wi-Fi、3G／4G／5G 等網路回傳資料，系統做出適切的回應，還不能算是真正的智慧化應用。直至 AIoT 才讓智慧化服務進化成實至名歸的智慧應用，但智慧化服務的營運必然伴隨資訊安全的議題。

1. 預防 AIoT 資安的深度攻擊或深度偽造

AIoT 應用下讓服務更加邊緣運算（Edge Computing）化，結合深度學習的 AIoT 的智慧服務解決方案，通常用來作為企業化服務的

一環，如做為門禁管理、出貨及到店的物流紀錄等，對營運日誌紀錄進行竄改也是 AIoT 資安系統的重要資安課題。

但除了深度學習下的資安防護外，透過深度偽造（Deep Fake）進行假新聞傳播及惡意詐欺亦是未來資安重要趨勢之一。例如使用 TensorFlow 這類開源軟體（Open Source Software, OSS）發展出 FakeApp，進行影片造假製作，或是運用 Deep Fake 產製假影片在 YouTube、Vimeo 等影音串流媒體平台上造成錯誤認知。所以未來如何辨識深度偽造，並防止假消息及假新聞也是一個重要的資安課題。

2. AIoT 應用的資安防護需從管理及研發兩方雙管齊下

資訊安全也不再只是阻隔境外攻擊，從應用情境構思、系統工程設計、產品研發、到服務的維運等，每個環節都必須納入資安的考量。新一代的資安思維已經不再只是管理資訊系統（Management Information System, MIS）部門的責任，而是每一個部門要參與的，尤其研發部門或外包開發團隊在初期就要一起協同合作，管理及研發兩端的參與是 AIoT 資安防護成功的關鍵。

3. AIoT 的資安及個資安全將更需周全與嚴謹

AIoT 強化體驗服務，也掌握所有接觸點的情境與關鍵資料／數據，對於個資保護自然需要更加嚴謹。在智慧物聯網的服務建置下，應仿效行動 APP 資訊安全規範架構，除有基礎的資安規範外，並且擬定 AIoT 應用服務的自我檢測基準，若有涉及客戶資料／數據相關服務，更需包含個資授權項目與範圍內蒐集、處理及應用消費者提供資訊，以降低個資外洩疑慮與糾紛。

在 AIoT 應用服務中，應根據我國的個人資料保護法、ISO27001、BS10012 等國際標準，擬定資安暨個資管理目標與風險管理規範，及自我檢查工具。基礎架構至少包含：

	虛實場域安全	企業維運端安全	應用消費端安全
AIoT服務相關活動	實體店鋪經營管理活動	場域業者與資訊服務業者服務活動	應用服務端
	客服活動	平台系統端	前端服務
應採相關資安管理項目	• 個資蒐集管理 • 個資與資訊資產盤點及風險管理 • 當事人權益管理 • 實體安全管理 • 安全事件處理	• 第三方與個資利用管理 • 委外作業個資風險評估 • 委外廠商個資安全稽核 • 資料交換 • 系統測試安全管理 • 實體安全管理 • 身分識別與授權 • 平台資料庫安全管理 • 安全事件處理	• 移動裝置應用程式之安全需求設計 • 個資與資訊資產盤點及風險管理 • 身分識別與授權 • 存取控制 • 身分識別與授權 • 安全事件處理

資料來源：資策會 MIC 經濟部 ITIS 研究團隊整理，2020 年 9 月

圖 4-1　AIoT 應用服務資安暨個資管理目標框架

若以接觸點的情境角色區分，應分為應用服務端及平台系統端：

- 在應用服務端的資安管理項目包含：實體或數位行銷活動、虛實整合及各項交易活動、單一事件或相關客服活動等業務之主要流程。
- 在平台系統端的資安管理項目包含：系統規劃、系統開發、系統測試、系統上線、系統維運等主要資訊作業流程，即以資訊系統開發流程展開各管理項目。

（二）產業動態

臺灣資安產業生態體系從資安軟體暨服務原廠到經銷商、代理商至提供企業資安整合服務的系統整合商、資安顧問公司、資安服務專業供應商、電信業者等已形成完整的資安服務供應體系，目前

關鍵的資安軟體技術依然以國際大廠的產品暨服務居市場領導地位。

臺灣產業近年來在金融、製造、流通、醫療、交通、能源等領域發展智慧應用，相關雲端運算、人工智慧、物聯網、行動支付等科技帶來了便利也衍伸出如何確保企業及個人資料受到保護等議題，像是第三方電子支付的服務業者如何保護消費者的信用卡資料等。資訊安全架構的重點是資訊安全管理、身分與存取管理及資安政策管理等三大方面，例如物聯網服務對應此三個面向，分別為物聯網裝置的安全性：諸如物聯網裝置的授權及驗證架構、作業系統與軟體更新程序、設備硬體架構的安全性；再者是存取控制的安全：外部系統識別裝置、驗證合法裝置、API介面的安全性；資料傳輸的安全機制：物聯網裝置在對外傳輸資料的安全加密，以上新興技術的興起所造成資料安全的疑慮是未來資訊安全的重要議題。

（三）未來展望

1. 從物聯網到雲端，勒索軟體無所不在

新型冠狀病毒肺炎（COVID-19）的疫情就像一場戰爭，衝擊全球的經濟、改變人類的工作與消費生活型態，企業生產型態也跟著改變，儼然形成人類社會發展的新常態（New Normal）。此外疫情所帶動的宅經濟，也增加資安風險與需求，而駭客及有組織的犯罪集團，亦利用各種名義及方式對個人與公司進行針對性的攻擊。光是在2020年的5月，就有石化龍頭、半導體大廠遭駭客集團之勒索病毒成功滲透並攻擊，另有10家企業也已遭入侵滲透並潛伏數月之久。勒索軟體的攻擊正所謂「野火燒不盡，春風吹又生」，資安的威脅風險從癱瘓網路服務的分散式阻斷服務（Distributed Denial-of-service, DDoS）攻擊，到勒索金錢為目的之各種勒索病毒暨軟體（Ransomware），不僅趁勢見縫插針，更是無所不在的大肆入侵。過去個人資料多半會存在物聯網相關裝置的終端（Endpoint）如手機與個人電腦，但為了避免勒索軟體的攻擊，也會在雲端上進行備份；企業亦是如此運行，是以愈來愈多企業都將資料放在雲端，

但這也成了攻擊者的下一個目標，自然形成了資安防護的破口，且成為企業防駭的資安商機。

2. 萬物皆可駭，企業的資安威脅已從「謀財」發展到「駭命」

而資訊安全產業未來亦有七大關鍵發展方向值得注意，包括雲端資安、資料外洩、宅辦公資安、工控資安、勒索軟體、5G 資安、AI 的深偽技術（Deepfake）等。伴隨著雲端資安威脅持續增加，將帶動雲端資安產品需求，預期五年內將達到三倍的成長；企業的資料外洩更是由點到面的持續發生；全球疫情使遠距辦公資安問題受到凸顯，連帶基礎架構與資安服務供應商也受惠；隨著工業 4.0 來臨，將有更多工控設備曝露在駭客入侵風險中，工控資安也成為未來製造業關注焦點；至於勒索軟體，預期未來亦將有更多攻擊針對企業雲端儲存服務、儲存空間下手；針對 AI 深偽技術，應留意將來詐騙將不僅是假冒聲音而已，更甚者，利用深偽技術增加信件真實感，以假冒信件格式並欺騙企業進行轉帳，企業應更加留心。

由於 5G 具體實踐萬物聯網的蓬勃發展，但相應企業的資安威脅，也將從「謀財」進階到可能「駭命」的程度，如無人車、遠距手術、無人機的資安議題。另一方面，5G 服務帶來新商機也帶來資安風險，網通設備漏洞將會成為 5G 服務不穩定的變數。資安合規將成為未來 5G 市場決勝關鍵，有許多業者關心資料在地化的問題，臺灣 5G 通訊製造或代工業者應思考如何因應不同市場的合規需求而調整佈局。

3. 資安轉型已成企業營運當務之急

網路各式威脅持續不斷，攻擊甚至已轉為國家層級的駭客威脅，物聯網的普及更增加企業被攻擊的風險。企業面臨資安風險的挑戰，從不可管的風險：社交工程、釣魚郵件，與針對使用者的 APT 攻擊入侵行為快速增加；到不可控的風險：Zero Day 漏洞及攻擊頻傳，企業在短期內亦難以防範；再到不可見的（Unknown）風險：因為企業往往在發生事件後，才得知風險緣由。所以企業亦須從三個面向來因應資安風險，包括瞭解風險：藉由各項資安演練與檢測，瞭解企業資安風險與弱點；面對風險：藉由風險成因分析，建置企

業完整資安防護體系；因應風險：透過資訊安全中心即時預警，縮短人工監控的時間差。掌握威脅管理、弱點管理與災害後果管理等三要素，量身訂作與快速強化資安因應機制，包括成立資安緊急應變小組，進行資安災害緊急應變演練，訂定各項資安應變標準操作程序（Standard Operation Procedure, SOP）。

另一方面，當前企業面對萬物皆可駭的各類嚴峻的資安威脅，必須要有更積極進取的管理機制，畢竟企業準備藉由資安達到轉型，就像一邊跑步一邊換衣服，的確是難上加難。但包括企業的資安長（Chief Information Security Officer, CISO）與資訊長（Chief Information Officer, CIO），最需要的就是跳脫傳統處理網路安全威脅的方式。企業都必須全然接受資安變革，根植網路威脅行動者可以一年365天任何時候，以毀滅性後果打擊企業營運的現實認知及意識。在數位化的工作環境中，建立對於資安的基本意識，也是確保企業數位邊界防禦的關鍵，畢竟人往往是資安最脆弱一環。而聰明的企業是預期被駭客攻擊並制定因應計畫，被動的企業是被駭客攻擊後才訂定相應的安全計畫。而聰明企業的資安準則叫做零信任，必須從技術面與管理面，雙管齊下的制定企業永續營運計畫（Business Continuity. Planning, BCP），才是企業在面對詭譎多變環境下，為了組織的生存發展，提昇安全性處理的原則，結合更全面業務流程改造的數位轉型之策略思維及佈局。

第五章 ｜ 焦點議題探討

一、人工智慧應用趨勢

（一）市場趨勢

　　2020 年，疫情在全球投下震撼彈，產業驚覺需要快速實施自動化、智慧化，同時也讓許多無接觸及自動化的商機大增。可見，在今年人工智慧仍是產業發展重點，各國調研機構也持續指出人工智慧影響著不同新興科技，例如：IEEE 提到人工智慧對於邊緣運算系統平台、認知能力、關鍵基礎設施等進展；Gartner 指出人工智慧對自動化、邊緣運算、自主化物件、安全…等產業效益及注意事項。

　　為因應疫情，除了加速應用人工智慧進行產品智慧化、流程優化，當企業採用數位、無接觸或遠距方案時，在某些環節中必將使用人工智慧進行辨識、推薦或預測。而在人工智慧導入後，對於後續的維護、管理議題也逐漸顯現出來。因此，懂得將人工智慧適時、適當應用於不同行業中顯得更為重要！

（二）應用機會

　　這波人工智慧技術在發展的同時，除了要設計出良好的深度學習演算法架構外，還需要提供大量且品質好的資料進行訓練，因此也造就專門提供資料的公司，如：ScaleAI、LabelBox 等公司。隨著演算法的進展，近年出現一些小資料學習法，如：One-shot Learning、Few-shot Learning 等名詞，藉此解決深度學習需要大量資料的問題。另外，在人工智慧軟體框架方面，愈來愈多新的框架提供增強式深度學習的 AI 功能來讓科學家使用，可知下一波人工智慧運用增強式學習將會帶來新一波應用趨勢。而人工智慧發展迅速且頗具成效，使越來越多人開始重視其管理模式與道德層面的監管。以下對深度學習相關之產業現況、趨勢及管理議題發展提出說明，以利產業在導入人工智慧之服務及產品時可獲得更完善的掌握。

（三）服務模式

1. 運用聯邦學習打破資料孤島問題

深度學習雖適合解決較為複雜的任務，但相對應是也需要大量的資料收集後再做到點對點（End-to-End）的訓練。對此，在解決產業議題時，要求不同公司把資料提供出來的話，往往會有隱私或是意願的問題。為解決這樣的問題，近年在深度學習的訓練中，提供一種名為「聯邦式學習法」（Federated Learning）的方法進行訓練。聯邦式學習法是一種運用加密的方式達到可分散又可集中學習效果的訓練法，在過程中各地先針對自己所擁有的資料加以訓練，並把各自訓練的成果進行加密後傳至中央，中央再將結果進行整合後回傳模型給各地，各地再進行原有模型成果的更新，藉此可使用集中學習後的成果來做 AI 辨識。

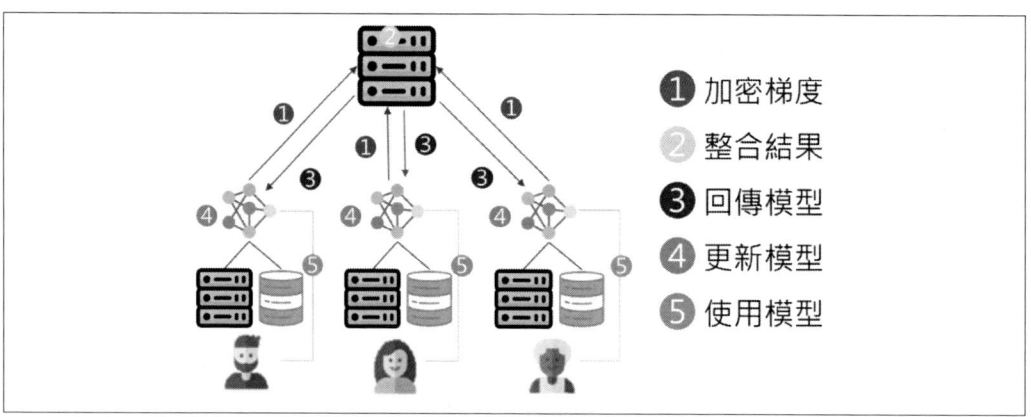

資料來源：資策會 MIC 經濟部 ITIS 研究團隊整理，2020 年 9 月

圖 5-1 聯盟學習法運作流程

聯盟式學習方法，可以達到不同角色間在資料的隱私性，並在同時可解決數據孤島（Data Silos）的情況，運用這樣的特性，有利協助產業界在不用分享資料的情況下，訓練出共同的模型，藉此來改善產業的共通議題。

2. 解決少量資料問題的新方法

上述提到的 One-shot Learning、Few-shot Learning 等新學習法多數運用元學習（Meta-Learning）的方式進行學習。元學習，又稱為「學習如何學習」（Learn how to learn），主要蒐集不同的模型架構來做訓練資料，而非蒐集資料做訓練。藉訓練後獲得一套通用的架構來辨識不同的資料，並以此面對少量資料的情況時，乃可推論出可能的結果。

近年，有些領域嘗試運用生成對抗網路（Generative Adversarial Networks, GANs）以合成的方式進行另類資料蒐集，這類型的方式大多以影像為主，像是 Nvidia 運用 StyleGAN 的方式生成許多不存在的人（至 thispersondoesnotexist.com 中看到運用 StyleGAN 實作的成果），而在醫學中也有運用 GAN 的方式進行 CT 到 MR 或是 MRI 生成 PET 的影像資料，藉此降低資料收集上的時間。

3. 人工智慧軟體框架持續強強爭市

隨著深度學習實務獲得充分應用後，國際大廠及開源基金會，紛紛提出不同的深度學習框架，例如常見的 TensorFlow、Caffee2、Pytorch、Mxnet 等，而許多廠商已依循著大廠所提出的框架及方法進行程式和產品服務的開發。

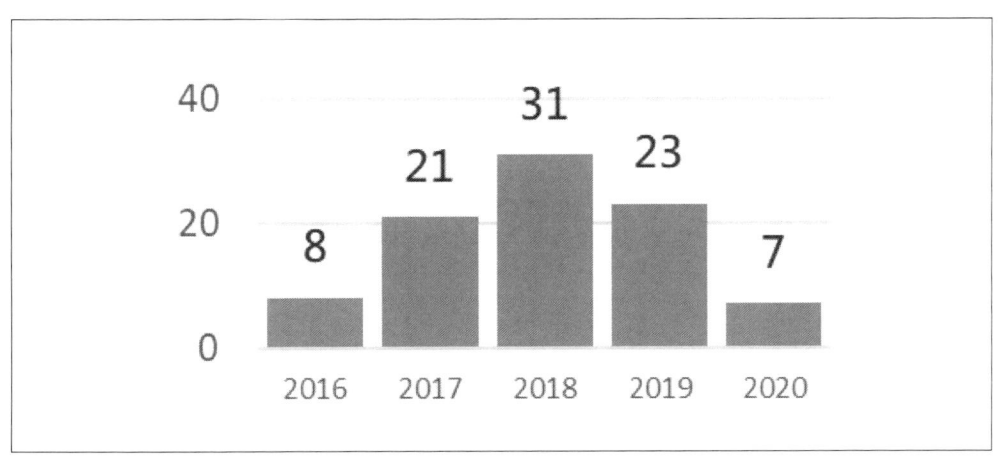

資料來源：資策會 MIC 經濟部 ITIS 研究團隊整理，2020 年 9 月

圖 5-2 人工智慧軟體框架 2016-2020 上半年更新次數

由上圖可見，2018、2019 年是各框架更新次數最多的兩年，在各個框架推出後，為了持續吸引更多開發者，不斷提出新算法的更新，當中更有不同的框架與不同的 AI 晶片商來合作，共同朝向邊緣端及終端所需要的功能。此外，在 AlphaGo 之後，許多研究也開始運用增強式學習（Reinforcement Learning）加上深度學習進行自主式學習系統的設計，新框架也因應市場需求而生，例如：獲 Google 支持的 Keras、Facebook 提供的 Horizon、OpenAI 所建的 Baselines、Deepmind 研發的 TRFL…等。

4. 人工智慧從研發財走向管理財

人工智慧的發展，往往與產業應用緊密結合。故不單只是嘗試把模型建立起來就好，對於這樣的模型如何跟現有的軟體流程相配合，並與現階段場域中的硬體系統相結合，都會是 AI 在導入上的問題。此外，對於人工智慧的模型在發展後，經常會隨著資料搜集，持續地需要關注模型的效果及對模型進行更新，讓人工智慧產業在發展上不單單只是模型建立，對人工智慧模型設計出來後，也需要思考如何部署、監控及版本管理和應用。

為了解決上述的問題，各大廠、新創或開源社群中開始在自己的開發環境中結合 AI 管理的機制，例如：Amazon 的 SageMaker、Google 的 AI Platform 中的各式工具、IBM 的 AI Platform for Business；又或者新創或開源社群公司，像是 Comet、Data Iku、MLflow 等。這顯示 AI 的管理議題已逐漸發酵，並且提供不同的服務收費模式，如：軟硬體結合服務、雲端、或是模型代管的服務，來幫助不同行業在使用 AI 之餘，也可有效掌握 AI 的管理流程及機制。

5. 人工智慧規範及倫理監管愈趨具體

在各國際大廠推出驚人的人工智慧成果後，世界開始反思人工智慧對人類是否站在一個不公平或是偏見的角度進行判斷，例如：Google 就曾因為演算法的偏見，在圖像辨識上就把黑人辨識成為猩猩、微軟曾上線的自主學習聊天機器人 Tay，在上線 1 天就被教成種族歧視的回應。

為了避免類似的情況發生,讓人工智慧應用時出現不公平的對待,因此各國開始逐步針對人工智慧的穩健低風險、公平無偏見、透明可解釋度等議題提出討論或訂定規範,因此如歐盟提出的「人工智慧白皮書」、英國「英國議會人工智慧報告」,或是國際大廠,如:Google 啟動 PAIR 計畫(PAIR, People + AI Research)、微軟在 The Future Computed 中提供的 AI 的 6 大準則…等。對於各國及國際大廠的大動作,顯示未來在人工智慧的監管規定會愈來愈具體及影響著指導人工智慧的發展。因此各企業在未來推動人工智慧服務的同時,必須要能預先審視是否符合人工智慧規範上的要求。

表 5-1 各國及廠商之人工智慧規範及倫理政策

國家或公司	規範名稱和說明
美國	《人工智慧應用監管指南》:AI 應用規定應考量 10 項準則,包含公平與非歧視、AI 應用透明化等
歐盟	《人工智慧白皮書》:對 AI 所涉及的隱私性、歧視等問題作評估與規範
英國	《英國議會人工智慧報告》:強調 AI 技術透明性、可解釋性
GOOGLE	啟動 PAIR 計畫來讓 AI 成為更為平等不偏見的工具,消除工具上的歧視
IBM	「人工智慧日常倫理」手冊,以明確指出問責、價值協同及可解釋性做出具體的指引,以利系統設計師做為共同範本
Microsoft	在 The Future Computed 中提供的 AI 教戰手冊,包含 6 大準則,分別為公平、可靠、隱私和安全、包容、透明、負責
SAP	7 項倫理準則,針對 AI 開發所可能遇到的倫理、社經挑戰進行說明及回應建議

資料來源:資策會 MIC 經濟部 ITIS 研究團隊整理,2020 年 9 月

二、資訊安全應用趨勢

(一) 市場趨勢

數位服務蓬勃發展對於產業的影響，毫無疑問是以數位轉型最為重大。但企業發展數位服務不盡然聚焦在數位轉型，反而以經營管理服務、客戶關係維護、以及開拓新市場為主。

從 3G 到 4G，乃至於 2020 年以開台的 5G（The Fifth Generation Mobile Communication Technology Standard, 5G）服務，行動寬頻對於企業的影響相當重大，沒有任何一家業者不需要寬頻服務。另外，平台經濟的興起與網際網路服務的發展有密切的關係，平台服務業者透過不同的服務模式，串聯了供給與使用兩端的用戶，同時也帶動了供需兩端、甚至讓原本競爭的業者，運用開放介接（Open Application Interface, Open API）進行合作串聯，可見行動服務、平台服務、開放服務對臺灣企業發展的影響甚鉅。

以下針對行動、平台、開放等數位服務，提出在數位經濟發展現況下，三個焦點的資訊安全應用趨勢分析。

1. 行動應用改變中小企業經營管理模式

行動應用在 3G 到 4G 的寬頻服務普及下，帶動了許許多多殺手級的 APP。不難發現有許多 APP 同時具備了消費者版本，以及企業或店家專用版本。也就是說，行動應用 APP 的快速發展，除了帶給消費者更加便利的服務外，也提供業者在企業經營管理之用。餐飲業的桌邊點餐 APP，提供店家桌邊點菜、整合出餐系統及電子發票、甚至可以結合線上預約訂位；企業的知識管理系統提供資訊服務業員工運用 APP 進行線上討論，並提供文件上傳及管理功能…等，諸如此類的行動應用 APP 不勝枚舉，除了提供中小企業更多元的經營管理模式之外，更有許多加值應用服務，強化企業數位行銷、客戶體驗服務、電子商務服務。在 5G 正式營運後，也預期各資訊服務業者將以專網形式提供解決方案帶動更多的領域應用及管理模式。

2. 平台服務打破大者恆大的傳統思維

過去平台的思維提供企業共通系統服務，是一種勞務委外的概念，所以有雲端企業資源規劃（Enterprise Resource Planning, ERP）系統、雲端電子郵件系統、以及各式各樣的遠端管理資訊系統（Management Information System, MIS）。這種模式通常發生在人力資源相對不足的企業，以降低人事成本的概念將內部系統轉移至外部平台業者，透過外部服務協助降低人力成本，這種剛性需求尤其發生在中小企業。

傳統思維下，企業規模大者能透過各種策略管理模式取得較大的市場占有率，並且形成大者恆大的局勢。但近來平台的模式是服務委外的概念，平台逐漸成為一種新型態的代理服務，變成供需之間的橋樑。如，外送平台、叫車或代駕平台、一日遊程平台、甚至各式共享服務的平台…等。然而供給端及需求端的平台上進行訊息交流，創造出大流量並能觸及更多的顧客或消費者，交織出新型態的商業模式，讓市占率不再是規模大廠商的優勢，打破大者恆大的傳統思維。

舉例來說，根據全球上市櫃公司財務2019年第二季報告顯示，全球市值 Top10 的公司中，平台服務業者占了 7 個，顯現平台服務發展迅速。平台服務網站每月所創造的網站流量十分驚人，以 YouTube 為例，平台透過連結影片創作者與觀看者，創造每月超過 241 億次的流量。許多中小業者透過影音平台的大流量進行數位行銷，很快創造出高行銷轉換率，營造出的效益不輸大型企業的廣告預算，可見平台服務是中小企業相當重要的數位服務工具之一。

3. 開放應用強化生態體系的合作鏈結

開放政府是全球已有共識的發展趨勢，芬蘭更以「資料驅動」的商業發展為目標，提倡將開放資料應用到企業日常運作中並鼓勵芬蘭公部門採納，芬蘭智慧城市將開放資料應用分成六類應用程式介接（Application Programming Interface, API），列入「Europe for citizens Programme 2014-2020」發展規畫中。

表 5-2 芬蘭智慧城市開放介接類型

項次	API 類型	說明
1	Issue Reporting API	讓使用者可以藉由第三方 APP 或服務，透過固定格式將文字、圖片、地理資訊回報給市政單位，並即時更新處理進度讓市民知曉
2	Linked Events API	彙整赫爾辛基市府與民間的市內活動資訊，以機器可讀的結構化資料存放，讓使用者可透過時間、關鍵字、類別、區域、適地化服務（Location Based Service, LBS）方式搜尋，並提供給第三方進行加值應用
3	Open Decision API	將市政資訊以機器可讀的結構化資料存放，讓使用者可透過時間、關鍵字、類別、區域、LBS 方式搜尋，並提供給第三方進行加值應用
4	Resource Reservation API	將赫爾辛基市府管理的可租借資產以機器可讀的結構化資料存放，讓使用者可以查看與租借，並提供給第三方進行加值應用
5	Linked Data API	彙整赫爾辛基市府與民間的交通、公共（商業）地理資訊並以機器可讀的結構化資料存放，使用者可以查看，並提供給第三方進行加值應用
6	Tourism API	彙整旅客可能會有興趣的城市資訊，如活動、景點、推薦行程、旅客服務與社群評論資訊，並以機器可讀的結構化資料存放，使用者可以查看，並提供給第三方進行加值應用

資料來源：DataBusiness.fi，資策會 MIC 經濟部 ITIS 研究團隊，2020 年 9 月

臺灣在開放政府的架構下敦促資料開放，也使得臺灣的開放資料（Open Data）開始在國際上發光發熱，因此在開放知識基金會（Open Knowledge International）的「全球開放資料指標」(Global Open Data Index）中，臺灣連續在2015年、2017年兩次評比都獲得全球排名第一的殊榮，也開啟各行各業對於開放服務的認知與接受度。國家發展委員會為擴大資訊服務共同發展之效益，設計導入國際Open API Initiative（OAI）組織之Open API Specification（OAS）標準，訂定「共通性資料存取應用程式介面規範」，目的以一致性API進行服務資料交換。在這個開放服務架構下，降低了資料交換與整合的成本，也將促成不同企業的合作、共同開拓潛在市場。這個開放架構對於資源相對不足的中小企業幫助相當大。

（二）應用機會

1. 行動服務的資訊安全應用機會

隨著物聯網的發展，政府部門、零售、製造、健康醫療及娛樂等業者投入物聯網的技術解決方案及基礎建設，且提供對應的行動服務APP應用供用戶使用。例如，提供日間照顧服務的業者可能會安裝攝影機，於日間照顧中心內，並有APP供用戶可以即時觀看被照護者的即時影像。但所面臨的資安焦點議題則是很可能因為大規模的阻斷服務攻擊（Distributed Denial-of-Service Attack, DDoS）而無法使用APP觀看攝影機即時影像，或是即時影像的觀看存取權（Access Right）受到駭客侵入而影像遭流出。這些提供創新服務的物聯網暨行動應用業者往往是中小企業或新創業者，為確保企業的商譽以及用戶的權益，行動應用的資訊安全應做好上線前的檢測。

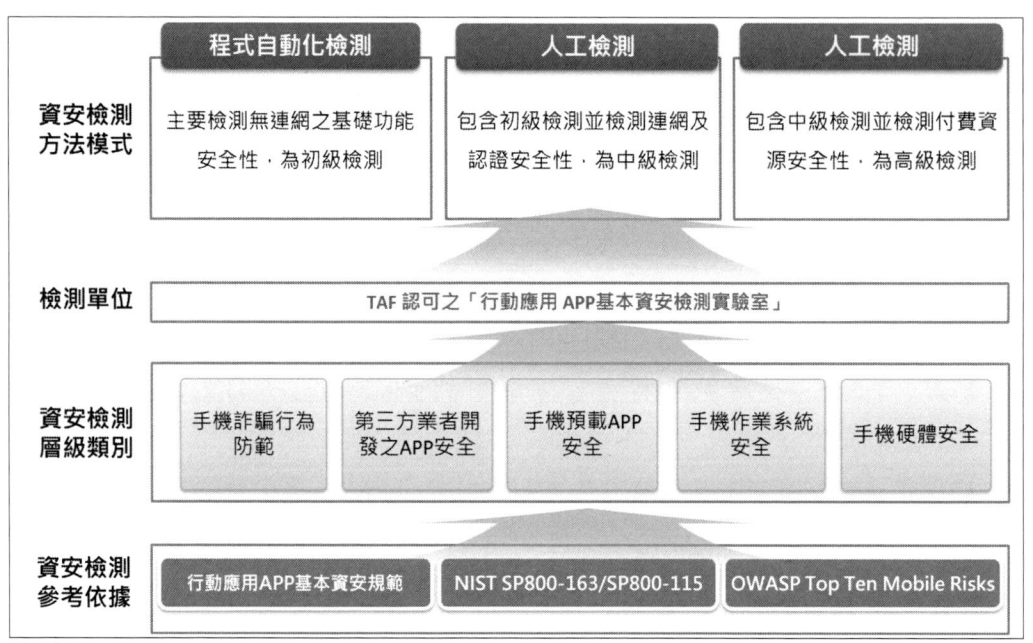

資安檢測方法模式	程式自動化檢測	人工檢測	人工檢測
	主要檢測無連網之基礎功能安全性，為初級檢測	包含初級檢測並檢測連網及認證安全性，為中級檢測	包含中級檢測並檢測付費資源安全性，為高級檢測
檢測單位	TAF認可之「行動應用APP基本資安檢測實驗室」		
資安檢測層級類別	手機詐騙行為防範 / 第三方業者開發之APP安全 / 手機預載APP安全 / 手機作業系統安全 / 手機硬體安全		
資安檢測參考依據	行動應用APP基本資安規範 / NIST SP800-163/SP800-115 / OWASP Top Ten Mobile Risks		

資料來源：行動應用資安聯盟，資策會MIC經濟部ITIS研究團隊整理，2020年9月

圖5-3 行動應用資訊安全檢測框架

　　行動安全除上述檢測重點外，更重要的是行動服務應用下產生的資料安全。剖析行動服務應用的生態體系結構，可能包含行動服務應用的營運業者、系統開發業者、雲端平台業者、加值服務的提供者…等；對於服務所產生的資料，存取的安全、資料的所有權應透過相關法律顧問諮詢予以釐清。

2. 平台服務的資訊安全應用機會

　　平台服務的成功關鍵來自串聯供給端及需求端，使得雙方在需求服務上取得滿足，並累積更多的平台優勢，進而增加平台競爭力。以最近火紅的外送平台為例，外送平台提供餐廳店家一個新的銷售管道（雖然是以外送為由，但對餐廳而言是一個全新的銷售通路），並也讓外送員在平台上取得了兼職外快、甚至是全職的工作機會，這不但滿足了餐廳跟外送員雙方的需求，另外每一次的外送服務，將使得外送平台的市占率或口碑得以擴張，吸引更多餐廳及外送員

投入平台。平台服務主要分成三類：提供無形資產的服務類型平台、實體資產服務媒合或體驗、金融相關服務或產品。

表 5-3 平台類型及資訊安全焦點議題

類型	例舉	關鍵議題
無形資產的服務類型平台	不屬於有形資源的代理或媒合服務，向外送、居家清潔、物流服務、專業技能支援等都屬於此類型，如叫車代駕平台、美髮服務媒合平台、美食外送服務等	使用紀錄與人員動向及定位訊息的揭露與保護
實體資產服務媒合或體驗	實體資產的互惠或共享服務，如家電出租：媒合供需雙方運用平台媒合兩方短期家電是用即出租的需求。另外如將閒置的私人停車位分租出去給有需要的人使用，透過平台的媒合可以幫助消費者找到適切的停車位	人員媒合、供需兩端的個資保護
群眾相關服務或產品	透過平台快速媒合人資、金融財務等的供需兩端，如群眾募資、金融借貸…等的服務模式	金流機制，以及群眾相關服務或產品的標準合約保護

資料來源：資策會 MIC 經濟部 ITIS 研究團隊，2020 年 9 月

　　平台提供的是一種加值服務，提供服務的對象大多是中小企業業者，但平台服務的資訊安全也因為多元角色的參與而顯得更加複雜。三種平台服務都涉及人員媒合、供需兩端的個資保護；隨著歐盟一般資料保護法（General Data Protection Regulation, GDPR）的制定實施後更加被各國企業重視，在平台加值服務的完整性與消費者及服務供應商的隱私權如何取得一個平衡，是所有平台都將面對的棘手問題。

3. 開放資料暨系統介接的資訊安全應用機會

　　開放資料及其相關的應用服務在這幾年逐漸嶄露頭角，主要開放應用分成兩類：

- 第一類提供民生公共服務。如自來水鉛管分佈地圖、空氣品質監測公開資料、口罩地圖等，這些開放應用服務主要是民眾有感的應用服務。

- 第二類是企業間合作服務的系統介接，鏈結公私部門、或是企業間的服務串接，將既有功能擴增、提高功能服務及運作效率。

　　企業在管理上較為敏捷，跨業、跨域合作上的意願也較高，透過開放應用介接的合作模式接受度也較高。但不同系統、不同開發商進行 API 整合時，可能會使系統穩定度下降，造成系統不穩、當機、或是資料上的遺失。所以在開放應用上系統介接的規格必須要花更長時間進行溝通，在資訊安全的系統回復、備份及網路漏洞攻擊上需要更強化，尤其慎防植入網頁後門，被取得內部橫向控制，而使得內部主機其他服務的帳號密碼外洩造成資安疑慮。

（三）服務模式

1. 行動應用的資料安全帶來新商機

　　行動應用的提供是一種科技化服務，服務中小企業在經營管理上模式的優化或轉型。服務會產生許多的資料，然而資料的儲存、資料的擁有權、資料的管理就會是企業資訊安全重要議題，同時資料安全也會衍伸許多創新商業模式。第一類是資料安全的保護：未來行動應用資料可能會由第三方進行管理、儲存，甚至未來會有資料損害的保險商品；另一類是如何在不侵害到資料安全的疑慮下進行資料分析加值暨應用，產生新的商業模式。

2. 平台服務與個資保護如同雙頭馬車，取得平衡是重點

　　以臺灣中小企業而言，並非是要每一個中小企業都發展得出一個等同國際級的平台服務，但中小企業如何運用平台有效鏈結客戶、打造忠實客戶，強化自身的競爭優勢將是成功關鍵。創新的平台加值服務在資料的運用上容易踩到消費者隱私的紅線，保護個資又是一個不得不做的課題，加上臺灣的隱私權意識抬頭，若中小企業能同時兼顧加值服務功能完整，並強化平台服務的個資處理，將提高使用者認同感、進而擴張市場占有率。

3. 開放應用介接加速企業合作

　　企業合作的本質是互補核心能力的不足，通常是以外包型式進行。外包有相當多的風險存在，如外包的管理成本、外包規格完整性等，企業之間的外包合作往往難以如想像中的順利。開放應用介接將服務項目做成系統化介面，以訂閱的方式取代外包服務，提供合作廠商使用，讓企業間合作更加即時與迅速，尤其是臺灣的中小企業更需要便捷的方式，補強其人力與能力不足，優化服務體系價值鏈串聯，也促成更多潛在合作機會；但另一方面，API 所面對的攻擊面亦將持續成長，雖然 API 只是程式碼之間溝通的介面，但如何建構高可靠性、高性能與高安全性的 API Security 資安框架，才是未來有效協助中小企業，在透過 API 發展新型態數位經濟應用時，能夠安全無虞並更加速資料的傳遞與效能、防禦所有可能 API 進階威脅之數位轉型暨資安生態合作的商機。

三、金融科技應用趨勢

（一）市場趨勢

　　根據統計，截至 2020 年 1 月 29 日為止，全球獨角獸（市值 10 億美金以上）俱樂部成員共有 448 家，其中金融科技（Fintech）獨角獸就有 60 家，占全球獨角獸企業的 13%。另一方面，全球在儲蓄、轉帳、借貸、投資與風險管理等業務的資金總額約為 260 兆美元，而相關營收大約是 5 兆美元，其中大部分營收歸銀行所有。但隨著金融科技的發展，銀行在整體產業價值鏈的主導地位，正遭受空前的威脅。甚至在歐洲許多國家，Fintech 業者，無論是在數位化的客戶體驗、產品的創新，乃至敏捷、快速與彈性的經營模式上，均已迎頭趕上，迅速搶占傳統銀行的市占率。

　　隨著新興科技如人工智慧、雲端運算與大數據的技術的發展，以及監管環境的轉變，一些過去與金融產業毫無關聯的企業，如 Apple、Amazon、阿里巴巴、騰訊等公司利用平台掌握客戶大數據，切入金融領域並成為金融巨擘，各類金融科技業者如純網銀業者也

都透過數位通路切入金融領域,並推出各類金融創新服務,可以預見,平台巨擘與金融科技業者,對傳統金融業者的破壞式創新步伐只會加快,不會停歇。觀測金融科技在數位轉型(營運卓越、客戶體驗、商模再造)的歷程,可歸納出六個發展趨勢,作為企業轉型與突圍的機會與差異化的策略思維。

表 5-4 金融科技發展趨勢

趨勢	說明
即時的客戶體驗已成顯學	強調如何整合各種新技術與強化數位金融產品暨服務,並更聚焦在提供客戶更有價值,及更個性化的體驗,包括提供能吸引消費者的新型即時支付系統與服務
開放銀行擴大產業合作範疇,跨域融合形成另類競合	未來勢必形成跨域間的融合,變成產業之間另類競合的態勢,甚至為產業創造出許多投資與購併的新市場與機會
人工智慧與行動應用成為標配	持續深化人工智慧運用,並細緻化不同客群的需求,透過新的商業模式,增加獲利,並將人工智慧運用在服務流程的自動化、智慧客服、客戶需求偵測及詐欺偵測等金融場景
優化服務流程加快市場反應	優化金融服務流程,包含實體通路與數位通路,並加快付款的結算速度
掌握數位原生世代需求開拓潛在客戶市場	掌握千禧世代的理財需求,透過數位通路接觸年輕客層,並利用個性化產品,引發各種金融服務需求
透過虛實整合拓展通路佈局	顧客即通路,顧客在哪、通路就該在哪,透過 24 小時客服中心服務及友善介面提供優質互動體驗

資料來源:資策會 MIC 經濟部 ITIS 研究團隊,2020 年 9 月

（二）應用機會

在全球市場對行動支付認知度與接受度漸增的環境下，國際大廠藉由優化服務體驗、開拓可用通路並衍生商業模式，試圖提高各自市場主導權。因此，受到發卡組織、電子支付、電子票證、電子商務、零售業及科技業等大廠的布局影響，行動支付逐漸結合出更多型態，甚至業者的獲利來源也不限於交易手續費。截至 2020 年 4 月，臺灣的行動支付市場具有 70 家以上的品牌業者，八成的用戶願意下載的行動支付款數在三款以內，在臺灣有限的人口數與消費能力中，支付業者的競爭逐漸升溫。

在行動支付的發展中，良好的用戶體驗、全面的可用通路，以及具衍生性的商業模式，是影響業者能否持續獲得市場青睞的三大關鍵因素，也是業者不斷嘗試發展應用情境以搶占市場的著力點。

用戶體驗涵蓋身分驗證技術、品牌知名度、優惠吸引力、使用者介面設計、整合各式支付工具、付款傳輸技術（如掃碼或感應）、支援多元載具、人機互動、娛樂元素、資安隱私等因素。

可用通路可分為本地實體購物、境外實體購物、本地網路購物、跨境網路購物等。

商業模式則像是運用數據分析，以精準行銷與導客、購物需求預測、金融或醫療類垂直領域整合等，以下進一步分析各因素應用案例。

生物辨識與影像辨識是行動支付能兼具便利和安全的重要技術，例如國際大廠為提供用戶更流暢的消費體驗，研發無人商店結合生物辨識與自動驗證的應用。另一種方式為優化以行動支付結合生物辨識或影像辨識的體驗，例如無人餐廳、無人停車場、無人加油站、車牌付、刷臉支付等應用。國際大廠也開始以行動支付為核心，發展透過行動支付衍生出來的商業模式應用，以整合金融、零售與醫療領域的流程為例，國際大廠試圖讓行動支付能有更多的獲利機會。在金融服務方面，螞蟻金服與騰訊和中銀人壽合作，針對年輕族群推出隨身危疾保險計畫，讓用戶可以直接透過電腦或智慧

載具進行投保。在智慧零售方面,透過騰訊的小程式、公眾號及支付體系,導入到華潤集團的智慧商場、生活小區及咖啡連鎖等場域,騰訊可從中獲得更多行動支付的使用情境,而潤集團則能從微信社群獲得導客。在智慧醫療方面,訊能將其行動支付及數據分析等技術,結合華潤集團的華潤健康、華潤鳳凰、華潤醫藥等公司,實現病患就醫時的預約門診、就診報到、精準醫療、醫療費支付、電子發票等環節。

(三)服務模式

業者可透過與合作夥伴建立共通標準,讓支付功能更齊全,並將市場商機做大,例如推出共通 QR Code、將單一帳戶整合智慧手機、穿戴與聯網載具,或串聯境內境外、線上線下通路。透過這種方式讓行動支付的應用情境,從最初的零售交易付款,擴散到如繳費繳稅、交通、娛樂、旅遊、觀光及金融商品等服務。例如餐飲及零售業藉由提供多元支付工具、調整廣告推播方式或是結合會員機制,提升用戶的消費頻率和客單價;飯店業優化付款流程並在入住手續上結合行動支付及人臉辨識;金融業依據用戶消費數據提供相應投資理財商品。

在市場佈局方面,可以將目標市場從消費者端延伸至企業端,例如提供資料傳輸加密服務、串接行動支付系統、協助整合會員機制、分析用戶數據以行銷導客或分散尖峰時段客群、統計用藥資訊以最佳化藥品資源調配等。

在產業發展走向整合的趨勢下,業者布局,可從提高用戶使用頻率(如透過增加通路與應用情境)、提高轉換營收(如透過結合金融或廣告等獲利途徑)、及運用數據分析重新打造服務流程等(如數據分析結合獎勵機制或改善營運資源與效率)面向著手。

在改善用戶體驗方面,可運用生物辨識與影像辨識技術改善用戶體驗,包含減少用戶身分驗證步驟等,而隨著技術的成熟,相關應用也可拉高進入門檻及競爭條件。

在提高用戶使用頻率方面，行動支付業者為了突破以往市場的使用頻率低、交易金額小現狀，透過將旗下方案銜接更多通路提升用戶使用頻率。無論是將自有方案的可用通路從本地擴大至境外、或從僅支援實體或線上通路轉為虛實整合，都在滿足用戶各式情境之使用需求。

在商業模式方面，若只仰賴傳統手續費分潤，難以支撐長期業務發展。為拓展更多獲利機會，業者可透過持續優化不同領域的支付服務流程，促使各垂直領域業者（如零售業者）衡量是否尋求與行動支付業者合作，或是選擇推出自有方案以因應市場生態變化。

第六章 未來展望

一、資訊軟體暨服務應用趨勢

人工智慧、物聯網、5G 技術等新興科技，帶來了企業數位轉型的契機，資訊軟體暨服務應用就是促進新興科技轉型應用的關鍵。然而，數位轉型範圍廣且高階主管必須認知轉型需求，使得數位轉型的議題往往束之高閣。在 2019 年美中貿易戰之後，2020 年上半年迎來新型冠狀病毒公衛危機造成的經濟衰退，使得 2020 年全球經濟產出預期將大幅減少，國際許多零售業、金融業、旅遊業乃至於製造業，亦因疫情影響而大幅裁員、倒閉，預期資訊軟體暨服務應用投資大幅衰退。

然而，危機就是轉機。在疫情中，政府、企業開始運用大數據分析、影像辨識、無人機、機器人、雲端服務等，協助防疫與挽救商業，使得新興科技有所試煉，也指引當今科技的不足之處及企業數位轉型方向。以下就科技發展方向以及疫情帶來的改變，分析對於資訊軟體暨服務應用趨勢與產業發展的影響。

（一）資訊技術發展趨勢

BOD 顧問公司調查指出 46%中型企業的數位轉型已經由非科技的事業單位主管負責執行，顯示企業已認知唯有結合應用才能讓科技協助轉型。然而，調查中也顯示，中小型企業雖具備數位轉型策略，但仍未跨部門整合與完善發展。所幸，許多領先企業已經先試驗許多新興科技的轉型，可以作為先導學習。以下綜合科技發展趨勢、領先企業應用案例，歸納四大數位轉型科技方向與趨勢。

1. 環境體驗

面對顧客的零售業、品牌業、金融服務業等，如何提供更具價值的互動體驗、從互動中更了解顧客等，是新興數位科技能夠帶來最直接的效益與潛在收益。特別是實體零售業、品牌業者，受到電

子商務影響而減少顧客在實體零售業進行購物，如何吸引顧客上門、提供個人化體驗等，更是進行數位轉型的第一步。以此，許多領先企業紛紛運用各項數位科技協助提升顧客體驗：

(1) AR／VR 沉浸式科技：提供顧客情境式、刺激的感官式體驗。例如：Lowe's 居家修繕 DIY 賣場在店面中建立「Holoroom How To」虛擬實境體驗館，讓顧客虛擬體驗塗牆壁、浴室鋪磁磚等各種居家修繕工作等。

(2) 環境感知：根據當下的環境狀況，給予不同體驗。例如：Nest 智慧居家恆溫器設備，不但依照使用者喜好溫度設定，也會根據使用者當下的體溫、移動狀態及天氣濕度狀況進行調整。

(3) 情緒辨識：探測顧客的情緒，給予個人化的體驗。例如：UNIQLO 即試驗發展 UMOOD Kiosk 機器讀取顧客腦波，並根據顧客心情建議購買相關產品。Affectiva 利用電腦視覺技術，提供計程車車內臉部辨識，辨識駕駛與顧客情緒，給予駕駛良好顧客服務建議。

展望未來，數位科技用戶體驗應用將朝整合多重體驗、情緒辨識乃至於結合環境、情境的環境體驗發展。諸多新興科技將持續發展，如：電子腦波技術、眼球追蹤技術、人臉情緒辨識、皮膚情緒檢測、遊戲檢測態度改變等。應用上也會從顧客服務，往員工教育訓練、人才招募、研發設計等方向前進。

資料來源：Affectiva，資策會 MIC 經濟部 ITIS 研究團隊整理，2020 年 9 月

圖 6-1 Affectiva 電腦視覺辨識駕駛人情緒

2. 增強智慧

當智慧手機、穿戴式技術、大數據分析、人工智慧等數位科技發展後，愈來愈能將數位技術與人類、實體世界整合，更容易達到人類增強（Human Augmentation）的境界發展。人類增強或人類 2.0（Human 2.0）是利用數位技術協助人類在生理、心理上的強化，成為人類每日經驗的一部分。當技術逐漸成熟，將能更結合在企業中，藉由數位技術來加速企業對外界的感知、內部流程自動化及設備與工作人員的結合。

(1) 電腦視覺、AR／VR：利用電腦視覺來輔助人類進行更精細、遠端、避開危險的工作。例如：小松機具公司將攝影機與 AI 裝置結合，嵌入在大型機具設備上，使得機具設備具備 360 度環景視野，能夠辨識現場作業人員與其他器具，以避免碰撞或其他操作不當事故發生。Skylight 平台利用智慧眼鏡、虛擬實境等技術，輔助工程人員維修航空零件，指示維修正確步驟、偵測螺絲是否鎖緊、提醒維修紀錄等。

(2) 機器人：利用機器人可以增強人類肌力，搬運重的物品、協助危險工作進行。例如：Sarcos 公司 Guardian XO 增強力氣全身協作機器人，能協助工人舉起超過 90 公斤的重物而不費力，並能讓工人能精細地操作，適用在搬運倉庫裡的貨物、維修中心重型部件乃至於在提供重型機械地面支撐輔助等傳統機械不易搬運的狀況。Verb Surgical 公司發展腹腔鏡導引機器人系統 AutoLap，包含機器手臂、視覺系統、先進手術刀、資料分析及連結技術等核心技術，手術醫師透過穿戴手環，與 AutoLap 系統溝通，導引精確下刀。

資料來源：Guardian X，資策會 MIC 經濟部 ITIS 研究團隊整理，2020 年 9 月

圖 6-2 Guardian XO 增強力氣協作機器人

(3) RPA：利用器人流程自動化技術 RPA（Robotic Process Automation），搭配文字辨識、電腦視覺，實現企業流程自動化。例如：一家能源公司即運用 RPA 逐步地串起跨部門 35 個流程，每年可節省 22 萬小時的人工作業時間。

展望未來，增強認知、決策、動作或流程的數位科技將更緊密連結企業流程，輔助企業更有效率進而數位轉型。

3. 數位生態

　　數位生態發展代表是平台經濟的持續發展，亦是代表新商業模式、新產業價值網。早年，數位生態興起來自於雲端運算扮演重要火車頭角色，包含：Amazon、Google 等巨型平台業者持續地占有重要地位。當物聯網發展，連結實體與虛擬的物聯網平台，如：GE Predix、Uptake、Jasper 等，成為新的平台業者。當實體設備、資產都可以數位化進行平台管理後，以供應體系為主體的平台服務，亦漸漸形成，如：海爾電器、富士康互聯網、DHL、Jabil 等。新創公司則可以發展填補跨企業、產業間的供需問題，扮演具價值的中介角色。以下說明兩種新興的數位生態系統正在形成：

(1) 供應鏈數位生態系：由生態系中具有領導的業者發展的生態系數位生態系統。例如，海爾電器在其 COSMOPlat 平台上提供相關軟體服務工具並串聯供應體系，以提供上下游夥伴反應客製化製造的供應能力。DHL 透過飛機航班、天氣、道路狀況以及貨品運送等即時數據，提供運送風險分析，讓業主可以決策改變運送方式或路徑。

(2) 產業互聯數位生態系：發展填補跨企業、產業間供需問題，進而建立多種產業互聯系統。例如，FourKites 供應鏈物流平台公司發現貨物運算牽涉空運、火車、貨運等多種模式、多種生態系業者的合作，對於託運業者來說，資訊透明與整合是一個問題。以此，透過雲平台、數據分析服務，提供各個託運業者商品運送透明度及貨物延遲分析等服務。Labskin 是一個皮膚保養產品測試平台，協助皮膚保養產品測試、驗證的服務。Labskin 具備大量膚質測試數據、AI 分析模型與專家，可以協助顧客皮膚保養產品進行全世界各地顧客的測試與驗證，減少皮膚保養產品廠商測試的成本。

資料來源：FourKites，資策會 MIC 經濟部 ITIS 研究團隊整理，2020 年 9 月

圖 6-3 FourKites 供應鏈物流平台生態系

綜合來看，企業數位轉型的商業模式創新特別仰賴數位生態系的發展，改變產業的規則。不論是大型或中小型企業，均要特別思考如何善用數位生態系來協助轉型。

4. 智慧信任

智慧信任來自於問題解決，進而產生新的轉型機會與商機。例如：如何確保環境體驗諸多蒐集數據不會外洩或侵犯隱私？如何相信增強智慧系統中的智慧決策是正確的？如何相信智慧機器設備是可靠的？如何確保數位生態企業間數據安全與建立生態系夥伴間信任與交易安全？綜合來說，可以歸納三大方向及技術發展：

(1) 資訊安全：資訊安全將更重視物聯網資訊安全保護、數據外洩及數據隱私保護發展。如：SparkCognition 運用機器學習、遺傳演算法、自然語言技術可以偵測物聯網設備上未知病毒；CrowdStrike 蒐集全球病毒行為與防治方式，進行學習分析。

(2) 分散信任：運用區塊鏈等技術，強化跨企業間、生態系間的安全與信任。如：服飾品牌公司 ALYX 95M 運用區塊鏈讓顧客利用

手機掃描其服飾、珠寶商品，了解從原料、工廠到零售店的整個產品履歷；Power Ledger 新創區塊鏈公司則協助澳洲一家 Vicinity 零售商將其購物商場蒐集的太陽能源電力進行交易，獲得 7,500 萬澳幣電力收入。

(3) 決策透明：強化大數據、人工智慧演算法、機器人的透明性與可追蹤性，讓人們更信任機器所做出的建議乃至於決策。例如：NVIDA PiloTNet 讓人工智慧系統學習人類如何駕駛汽車，學習人類應該關注的重點項目，並將學習後想法視覺化顯示，讓人們判斷人工智慧理解與決策是否正確。

資料來源：NVIDA，資策會 MIC 經濟部 ITIS 研究團隊整理，2020 年 9 月

圖 6-4 NVIDAPiloTNet 系統讓人類判斷 AI 學習是否正確

展望未來，愈來愈多廠商發展更具透明、可追溯的應用與演算法，滿足企業智慧應用需求。此外，更多的區塊鏈實務會真正地落實到企業中。運用人工智慧、大數據、物聯網、區塊鏈技術等，強化愈來愈複雜的數位生態系統的資訊安全，也愈來愈重要，亦具有更多商機。

（二）疫情影響發展

2020 年新冠病毒疫情的擴散，影響了全球經濟活動。在疫情發展期間，各國紛紛運用科技來防疫，給了新興科技實務測試的機會，帶來新的應用方向與科技發展機會。以下整理幾項新興科技運用於防疫的做法與挑戰。

(1) AI 輔助醫藥發現：新冠病毒帶來緊急公共危機，並缺乏藥物的直接治療造成諸多人命損失。如何加快研發藥物，以搶救人命，成了急迫的任務。利用人工智慧、大數據分析以及知識圖譜等技術，協助醫藥的研發、醫藥的尋找成了一項重要的技術。例如：BenevolentAI 公司是一家協助生物製藥公司加速從藥物初期發現到臨床試驗等藥物發展過程的人工智慧新創公司，BenevolentAI 平台運用機器學習與深度學習技術，建立基因、疾病、藥物、臨床試驗結果等基本知識圖譜關係，發現既有藥物能協助治療新冠病毒，亦發現治療類風濕關節炎的抑制劑可以協助治療。

(2) 電腦視覺檢測：檢測是否帶有新冠病毒的病原，是避免傳染擴散的一項重要任務。然而，核甘酸檢測必須透過採集喉頭黏液進行，且必須 6 小時以上的檢測，緩不濟急。利用紅外線熱像儀，檢測體溫異常成了第一項熱門的檢測方式。新加坡新創公司 Kronikare 發表 iThermo 小型溫度感測儀，透過智慧手機結合熱感測與雷射感測照相機及 APP，可以從 1 到 3 公尺的範圍內、每次擷取 10 個人的面部進行分析，能達到每分鐘測量 8-10 個人。Kronikare 主打每個月較低的訂閱費用，適用在辦公室、商場等，進行小規模人群的體溫檢測。此外，在臨床上可以利用電腦視覺偵測肺部是否有浸潤狀況，亦可以作為一種判斷是否感染的依據。中國大陸新創公司依圖醫療發現，感染新型冠狀病毒早期到晚期，肺部病徵的密度會越來越大。以此，依圖醫

療利用胸部斷層掃描影像，根據肺炎病徵形態、範圍、密度等關鍵影像特徵進行定量和學理分析，實現對肺炎病徵的動態 4D 分析。透過人工智慧，只需 3 秒內就完成定量分析，較醫生人工查看斷層掃描影像，需耗時 2～3 小時的評估，節省許多時間。

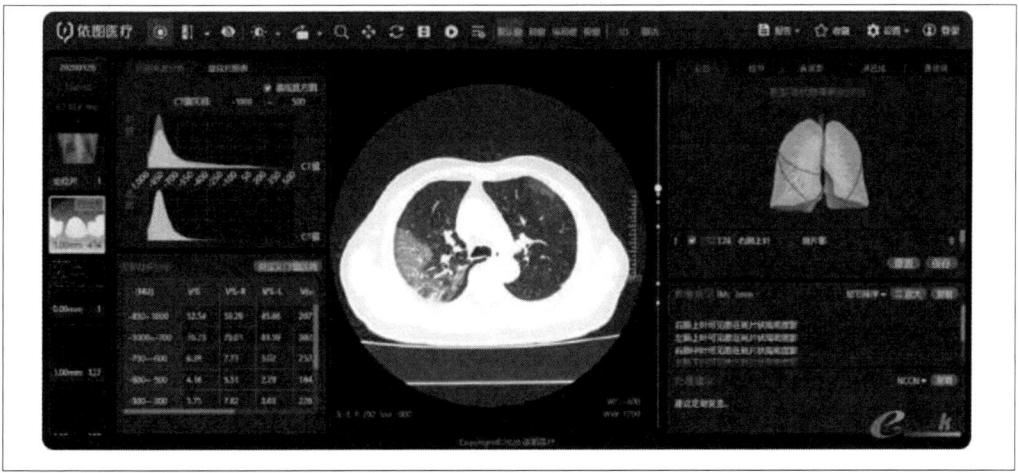

資料來源：依圖醫療，資策會 MIC 經濟部 ITIS 研究團隊整理，2020 年 9 月

圖 6-5 電腦視覺系統讓快速判斷肺部影像的特徵

(3) 大數據追蹤：在新型冠狀病毒的防疫中，追蹤人類的行為似乎成了一項有意義的事，舉凡追蹤疫區人員的移動、隔離人員的移動等。例如：加拿大新創公司 BlueDot，每天分析各種新聞報導、航班資訊、動物疾病等資訊，以即時追蹤全球傳染病分布狀況，並預測擴散範圍。BlueDot 平台得到結論後，會再讓流行病學專家驗證，確認無誤後才把資訊同步給大公司和政府機構等客戶。1 月初，BlueDot 便表示新型冠狀病毒的感染人群不僅出現在中國大陸地區，也將擴散至全球，比世界衛生組織及美國疾管局發布還提早預警。百度公司也建立百度慧眼地圖，可以查詢全世界各地感染、死亡資訊及人們遷徙路徑，乃至於查詢確診患者活動範疇；我國也利用行動電話定位與電子監控儀進行居家隔離對象行蹤的監視。當然，行動的監控也引發隱私

與人權的問題。我國作法來自於監控人權與防疫需求兼顧作法，這種兼顧隱私的大數據追蹤、監控與分析，在此次戰役中更受到矚目，也會更廣泛運用在零售、交通等監控分析上。

資料來源：BlueDot，資策會 MIC 經濟部 ITIS 研究團隊整理，2020 年 9 月

圖 6-6 大數據疫情追蹤系統

(4)零接觸商機：疫情發展也提供了測試機器人能力的最佳機會。舉凡無人機協助測量體溫、搬運醫療物資、噴灑消毒劑；無人配送車配送食物、醫療物資；機器人醫院內送藥品、防疫旅館送餐盒等。以目前的測試結果來看，似乎無人機對防疫的作為更加有效；機器人、無人車等，均僅能侷限在特定距離進行簡單運送，引發了思考無人載具的研發方向。華盛頓州醫療中心的醫生治療美國首例確診新型冠狀病毒病患時，使用了 InTouch Health 公司發展的 Vici 遠距設備，讓醫生可以透過螢幕與病患進行互動，醫生可以用來與患者交談並執行基本診斷功能，例如：進行體溫測量、聽診器等。這種實用的零接觸商機使得產學思考，能強化人類（如：醫生）的增強智慧技術，較華而不實

的理想機器人，更能在急迫環境顯得有效用。不過，帶動零接觸商機最直接的應該是電子商務、電子支付、APP 送餐服務等，可望衝破人類既有習慣，更加蓬勃的發展。

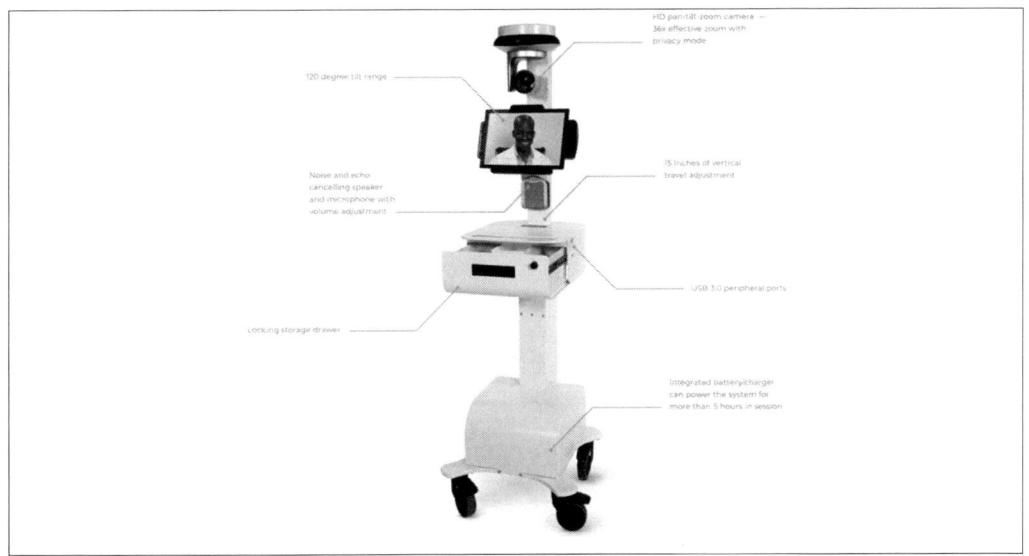

資料來源：InTouch Health，資策會 MIC 經濟部 ITIS 研究團隊整理，2020 年 9 月

圖 6-7 InTouch 遠距看診設備

(5) 遠距服務：遠距教學、遠距辦公等帶來的視訊會議系統、線上教學系統乃至於供應鏈上下游的網路協同等應用，將會因為這一次的疫情而大量採用與蓬勃發展。這將會影響人們網路使用行為，帶動遠端網路協作的各種機會發展。

（三）全球資服展望

展望 2020 年，在疫情的影響下，會促使 IT 投資呈現保守，可能會到年末才有較明顯的復甦。然而，在疫情的發展階段，也讓新興科技有了實務驗證的機會，讓企業更實際地發現新興科技能增強企業智慧的方向。此外，疫情的發展，也會迫使許多企業迫於轉型壓力而積極地面對遠距、雲端服務、APP 等零接觸服務，進而影響資訊暨軟體產業的發展。如表所示，當景氣復甦後，首先成長最快

的將是雲端運算服務、其次是系統整合、資訊安全。傳統套裝軟體或資訊委外必須積極擁抱相關議題，將產品服務進行改造。

表 6-1 新興科技對於資訊暨軟體產業成長影響

數位轉型技術	系統整合	雲端運算	套裝軟體	資訊委外	資訊安全
環境體驗	+++	++		++	
增強智慧	+++	++	+	+	
數位生態	++	+++		++	+
智慧信任	+	++	+	++	+++
零接觸服務	++	+++	++		++

註：+代表正面影響；-代表負面影響

資料來源：資策會 MIC 經濟部 ITIS 研究團隊整理，2020 年 9 月

(1) 雲端運算：疫情影響將會帶來雲端運算基礎服務或應用服務業者的更大商機，不論是遠距教學、遠距醫療、線上會議服務、線上外送服務等零接觸服務。套裝軟體業或資訊委外服務業應更積極思考可以運用雲端運算技術來加值或改變既有產品服務的機會。配合 5G 技術的發展，可望讓雲端運算服務更深入到企業的商業流程。

(2) 系統整合：系統整合業者包含顧問服務業及系統設計與建置業將從更多的物聯網、AR／VR 等環境體驗技術以及機器人、大數據輔助決策等獲得商機。然而，不論數位轉型或人工智慧等議題，均要從更實際解決企業問題上著手。

(3) 資訊安全：在疫情發展過程，也出現許多假消息流竄、駭客攻擊等事件，將促使資訊安全發展更為重視。此外，愈多企業作業流程往雲端運算發展或者串聯數位生態系，亦會更需要資訊安全業者協助。

(4)資訊委外：傳統資訊委外業者必須善用雲端運算、遠距服務再度發展機會，積極地將產品服務轉為雲端服務或善用數據累積，以提供更完善的服務。

(5)套裝軟體：不論是產品內涵或服務模式，套裝軟體業者應該積極擁抱雲端運算服務，以協助企業轉型。一方面，既有套裝軟體可以整合雲端服務協助企業各作業流程運用雲端服務、實現零接觸服務等；另一方面，套裝軟體可以搭配訂閱式服務發展新收入或建立新商業數位生態關係。

二、臺灣資訊軟體暨服務產業展望

儘管美中貿易不確定性影響，2019 年臺灣資訊軟體服務業表現亮眼，持續地成長。一方面來自於臺商回流刺激的資訊系統建置、軟硬體產品與服務實施需求；另一方面，由於國內數位轉型需求，帶來軟硬體整合需求、雲端服務發展、人工智慧應用試行等，在交通、金融、製造、零售、醫療、農漁牧、能源等，陸續有新的應用發展。儘管 2020 年，全球經濟受到疫情影響而有減緩，但由於疫情帶來臺灣資訊軟硬體科技的受到矚目，可望進一步拉動臺灣資訊軟體暨服務產業的外銷。以下分析行業、技術發展機會及臺灣資服業展望。

(一)行業發展機會

1. 智慧城市

智慧城市應用包含智慧交通、智慧安全監控、智慧能源等公共領域智慧應用。對於臺灣產業而言，特別可以進行深化並銷售至東南亞國家。

臺灣交通領域的資訊科技應用屬於先進，包含：ETC、高鐵、公車即時訊息、道路監控等均具備高度資訊化，並能陸續將相關系統外銷至其他國家。交通部將 2019 年訂為「智慧交通元年」，透過 AI、

大數據協助交通單位、軟硬體解決方案商以及學校單位合作，共同解決問題，陸續發展許多創新的案例。例如：IC設計商義隆電子與中研院合作發展「智慧城市交通車流解決方案」，透過可以涵蓋十字路口的360度智慧魚眼攝影機，將蒐集的視訊數據直接在邊緣端處理並分析交通流量，作為彈性調整路口號誌的決策依據。該套系統已經在銷售到菲律賓、越南、泰國隨著臺北、新竹、臺中、嘉義、臺南、高雄等城市交通要道完成佈建，接下來將進一步研發智慧城市交通路網系統，甚至與不同單位合作，包括動態擷取車牌號碼技術可運用在海巡署偵查工作、或者將小物件偵測技術安裝在無人機，協助智慧農業解決方案。

交通部運輸研究所亦發展一套AI影像辨識系統，不僅符合交通管理需求，還能因應各種氣候條件和特殊情境，比如白天、晚上、雨天和逆光等。運輸研究所指出，該技術可辨識車流基本參數，像是車輛數、車速、車道占有率、路口轉向量等，還有各種異常停留事件，比如違規停車、道路施工、交通事故等。這個技術可將偵測到的資訊即時傳送到各縣市資訊平台，解決過去通報與實際發生地點的誤差，或是事件發生後的路況資訊揭露有限等資訊整合痛點，來強化交通管理的效率。

除了臺灣具備半導體IC設計的強項外，工業電腦、影像辨識亦是專長。以此，在交通業特別可以結合硬體、軟體與雲端服務，發展更多的智慧交通應用。日商Canon專注在安全監控也與英業達、研華成立公司，並與高雄交通局合作，藉由深度學習與邊緣運算方式，配合清晰的影像識別系統精準判斷道路行車車牌；同時也能進一步判斷車輛是否有違停情況。另外一家臺灣著名汽車導航機廠商，透過政府交通單位開放交通大數據資料及中華電信人流車流分析數據及六百萬導航用戶的使用回饋蒐集開始，發展出路況預測模型，再結合即時的交通路況、交通事件與天氣資訊發展出一套事先預測未來交通流變化的系統，應用於導航APP上，使駕駛人可以迴避交通壅塞路段，以最佳路徑到達目的地，解決駕駛人都市道路壅塞困擾。電腦準系統廠商則發展智慧停車系統，透過感測器可以蒐集各地停車狀況，提供駕駛人方便搜尋停車位。

第六章　未來展望

　　此外，資訊系統整合廠商則因應多元支付，發展行動支付系統，讓大眾捷運系統也能利用行動支付，並能結合周邊店家，進行整合支付，建立交通、商業支付生態系。另外，臺灣高鐵也與電子廠商、系統廠商合作，打造新版高鐵旅客資訊系統，整合大數據、人工智慧、智慧物聯網等技術，可以推播列車整點訊息、自由座車廂資訊給旅客，乃至於依據旅客習慣提供客製化的精準行銷訊息，地震、豪雨等災情警訊。

　　工業電腦廠商則與光學鏡頭廠商合作發展智慧路燈，在臺北市設置超過3,000盞的智慧路燈，持續發展資訊整合串流，可掌控個別路燈並進行智慧調整，包括亮度調整、偵測電壓電流，以節省人工檢查維修成本；未來燈柱還可擴增通訊網路、智慧看板、緊急呼叫等功能，可以外銷東南亞智慧城市之用。中科臺中園區汙水處理廠利用深度學習來預測汙水PH值，並自動啟動PH調整池的馬達，比過去舊有自動控制系統更精準，還能提早15分鐘預告水質異常。

　　綜合來看，在智慧城市上，智慧科技的啟動主要來自於工業電腦、物聯網或硬體廠商結合系統整合服務業者，共同打造智慧城市計畫。資訊服務業者除了本身專長領域外，也可與工業電腦或其他感測器廠商合作，共同發展智慧城市解決方案。

2. 智慧金融

　　臺灣金融業積極發展人工智慧、大數據、金融科技、區塊鏈等新興技術，並具備完整的團隊，發展相關金融應用。例如：運用大數據進行信用風險評估、分析顧客進行精準行銷、客服聊天助理、客戶服務機器人服務等。又例如：一家金控業者利用人工智慧金融機構在推銷商品時透過AI分析潛在客戶資料、挑選對特定金融商品感興趣的人選，再透過人工打電話來推銷。目前AI選客的命中率，比人工高出3至5倍；利用AI來協助投顧服務，推薦投資客戶股投資；利用AI進行反洗錢等。

　　另外一家金控業者則與學校合作，發展信用評估模型，提高信用分數可靠性、縮短作業時間。該金控業者利用數據模型將信用風險模型效力提高至91.2%，並將信評報告資訊揭露錯誤率降低至

0%。另一方面，利用深度學習和自然語言生成，來產生客製化個人財富管理投顧報告與市場資訊分析。為加強防洗錢機制，則透過 AI 建立企業客戶的業務與經濟關聯圖，交叉比對、驗證法人金融客戶貸款文件資料，以強化分析洗錢可能性；以深度學習打造精準行銷分析模型，提高外幣定存行銷成交率，並將進一步應用至信貸與房貸。另外一家公股銀行則聯手 LINE 推出以自然語言處理技術打造金融諮詢客服機器人，在 LINE 官方帳號和臉書 Messenger 提供 24 小時的諮詢服務，內容涵蓋了信用卡、臺幣與外幣、房信貸、分行和 ATM 據點查詢等。

受到疫情影響，讓許多行業發展線上作業，也引發金融業者發展數位金融業務思考，甚至公股銀行也開始進行布局。此外，銀行亦大推數位帳戶並與行動支付業者合作增加自家商品曝光率。除了疫情影響外，純網銀執照的發放，也帶來傳統金融業進行數位轉型的壓力。

以此，預期臺灣智慧金融將更大步的邁進。動作較慢的金融業將從行動支付上與行動支付業者、社群網站業者合作，並進行客戶服務優化以強化客戶黏著。大型金控業者則會在已有基礎下，進行更多的智慧風險控管、智慧投資服務等，強化金控業既有優勢。綜合來看，臺灣金融業除了需要系統整合、顧問服務業協助技術的引進外，仍需要能協助金融業協助數位轉型的商業顧問方案，以協助金融業透過新興技術找到新商業模式與營收發展。

3. 智慧醫療

臺灣具有高品質的醫療業以及健保系統數據，醫療業具備極大智慧醫療發展機會。特別是臺灣在疫情的掌控及防疫醫療技術進步獲得世界的矚目，亦使得智慧醫療具備許多外銷機會。

靜宜大學聯手清大、北醫、臺科以及數家生殖醫學中心，研發出人工受孕 AI 預測模型，準確率達 8 成。該團隊利用生殖醫學中心資料，篩選出胚胎成功著床的特徵，並將胚胎影像結合生化檢測數值，以預測胚胎品質和受孕機率，並提供最佳受孕治療方式的建議給醫生。臺大醫院與科技業者合作成功將人工智慧系統和臺大醫院

電腦進行整合，讓 AI 系統學習多種醫學影像，只要 30 秒就能在檢查影像上找出疑似腫瘤的位置，並圈選邊界，還會替每個疑似腫瘤打分數。如此一來，可以減少醫師圈選與判斷腫瘤的時間。

臺灣大學與臺大醫院發展「智慧傷口追蹤系統（AI-SWAS）」APP，讓手術病人或一般民眾只要拍下傷口，自動能判斷是否紅、腫、壞死、感染等，準確度高達 9 成。該系統針對 46 名病人拍攝 131 張傷口影像資料作為資料庫，由醫師提供專業意見，讓人工智慧學習辨別傷口狀況。此外，陽明大學陳老師亦研發手機藥物影像辨識系統，開發手機「AIGIA 愛家小藥師」APP，配合藥物拍攝裝置 MedBox，直接用手機照相鏡頭拍照，手機就可以透過雲端運算，針對藥物外觀進行智慧比對，迅速判斷到底是哪一種藥，顯示藥物成分、適應症、用法、特徵、特殊警語等訊息。該雲端資料庫已經收錄 400 種藥物、8,000 多張影像，辨識率超過 95%。

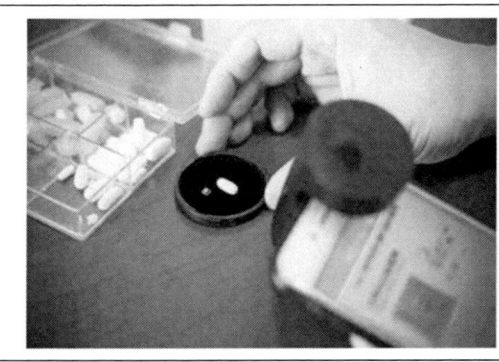

資料來源：陽明大學，資策會 MIC 經濟部 ITIS 研究團隊整理，2020 年 9 月

圖 6-8 藥物辨識 APP

中央健康保險署健保雲端系統亦與臺中榮民總醫院、臺大醫院合作建置病人藥品過敏及處方藥品交互作用主動提醒服務。目前可以提供 14 組危及生命且絕對禁忌的精神科藥品交互作用組合，供各特約醫療院所使用；並新增醫師登錄病人過敏藥品，這兩項主動提醒功能將使病人的用藥安全更具有保障；也可節省醫師瀏覽大量資料時間與精力，更有效率提醒醫師減少重複處方藥品及檢驗，進而提升醫療效益及病患安全。

專注在醫療領域的資訊服務商,亦與北市聯合醫院研發的肝臟腫瘤偵測系統,可在數秒內偵測患者肝臟的電腦斷層掃描影像,並標註出 3 種病灶、計算病灶面積和體積。該系統採用醫院提供 1 萬 5 千多張肝臟斷層掃描影像來訓練深度學習模型,並利用醫生的修正值來優化 AI,目前面積辨識準確率為 97%。該資訊服務商亦準備將系統送至美國 FDA,未來打算進攻海外市場。除了醫療影像 AI,該公司利用機器學習開發醫療碼自動填入系統,於恩主公醫院研究、測試,可幫醫生快速完成醫療報告,未來希望用於減少保險業人工審閱報告的負擔。

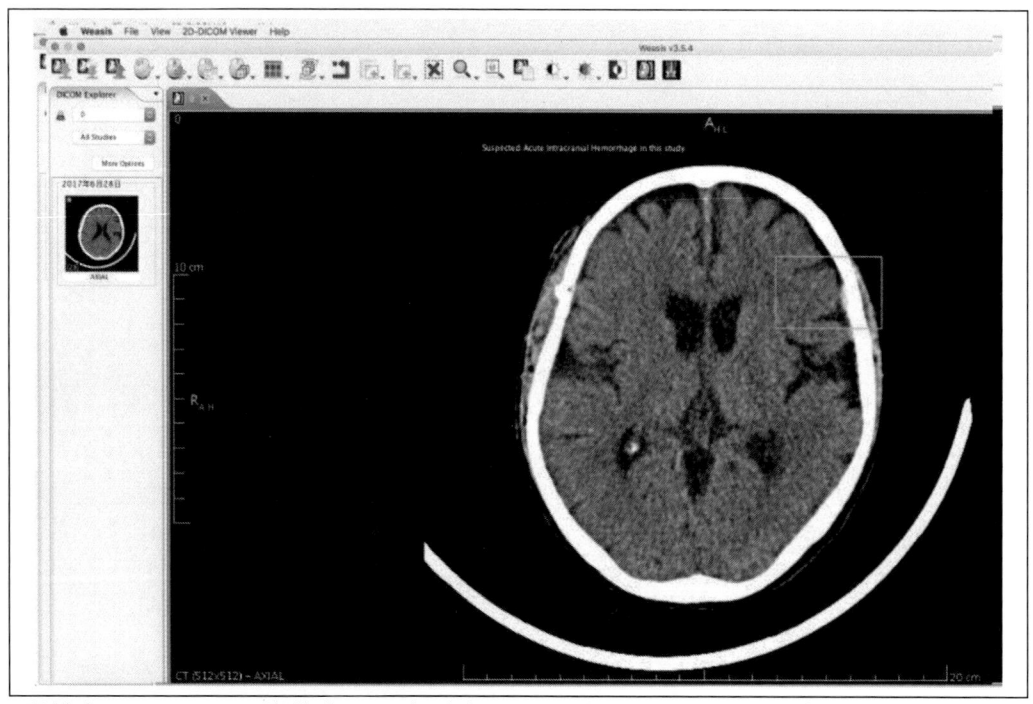

資料來源:Deep01,資策會 MIC 經濟部 ITIS 研究團隊整理,2020 年 9 月

圖 6-9 DeepCT 腦出血檢測

專攻醫療影像 AI 服務的新創 Deep01,其產品 DeepCT 於 2019 年 7 月正式通過美國食品藥物管理局認證,是臺灣第一家獲 FDA 認證的醫療 AI 新創,也是亞太區第一家。DeepCT 利用深度學習開發的腦出血偵測平台,可在 30 秒內偵測病患腦部斷層掃描影像是否有

腦出血病灶，並能圈出出血位置，加速醫生判讀時間，也加速病患腦出血或中風的後續醫療處置時間。目前，DeepCT 的準確率達 95%，其平台可整合雲端或院內伺服器。未來也將進一步打入中國大陸、日本、韓國、印尼、越南等市場。

宏達電則與彰化基督教醫院推出「蘭醫師醫療照護對話機器人 LINE Bot」，「蘭醫師」是利用 AI 與區塊鏈建立醫療照護對話機器人，包含 AI 科別導診、看診前問題筆記、診後個人衛教，並結合醫療區塊鏈資訊安全，啟動 10 間醫院全面照護。

以目前臺灣智慧醫療的發展來看，大型醫療院所具備豐富的醫療資源、醫療數據，結合資訊服務業者的技術，可望能發展更多智慧醫療應用，提供國內外使用。此外，資服業者亦可從醫療設備、耗材、藥物等方向切入與醫院、設備業、藥廠等合作，發展醫療業相關智慧應用。

4. 智慧製造

製造業是臺灣競爭全球的核心產業，如何透過數位科技協助製造業進行數位轉型，是產業與政府必須重視的問題。特別是美中貿易及科技戰，造成製造業供應鏈的對抗與洗牌。如何在世界變動局勢下，讓臺灣製造業重新定位與發展新競爭優勢，將是臺灣智慧製造的未來重點。然而，許多臺灣製造業均為小型製造業，在資本、人才缺少的狀況，更需政府、產公協會力量協助發展。

例如：由工業局、工研院、精機中心、資策會機械業產業共同推動的機械雲，期望達到加裝智慧機械盒（SMB）、自製工業感測器等，快速達成萬機聯網可視化的目標；中長期則將致力於 PAAS 層級建立公版機械雲，透過採集生產流程中所產生的大數據分析、納入資料庫，進而開發 SaaS 層級軟體共享、APP 應用等功能，強化 OT 能力，甚至藉 AI 最佳化生產自動排程、精實管理，創造新價值。2019 年底，智慧機械盒已連結約 750 家廠商，共有 3,000 台機械設備。透過智慧機械盒連結將可協助預測診斷、故障主動通報等創新商業模式。可以讓機械廠商不僅銷售智慧機械、輸出整廠生產線，

甚至賣起軟體及新型態的服務，產生新營收。機械雲已吸引遠東、漢翔、百塑、永進等工具機大廠投入。

其中，要協助智慧機械盒串聯工廠設備、工廠 ERP、CRM 等應用軟體，更仰賴系統整合商的資訊服務業者合作。2019 年，經濟部工業局舉辦「2019 全球系統整合商大會」，邀請國內外系統整合商（SI）參與，打造「臺灣 SI 元年」，整合台灣軟硬實力進軍世界。預計 2020 年將要推出第一家國際級系統整合廠商。此外，日商也看中臺灣智慧製造潛力與優勢及臺灣在全球製造業中扮演的關鍵角色，推動系統整合聯盟，協助臺灣中小企業加快導入智慧製造。

許多中小型製造業或資訊服務廠商也積極地在試驗各種智慧製造方案。例如：一家椰果產品製造廠商，在製造流程中，產品封膜完整性由人工抽樣檢查，抽檢覆蓋率僅 2.5%。但封膜不良的產品，不但造成單罐產品損害，也影響同箱產品、運輸工具的汙損，並招致蚊蠅，對整體商譽造成影響也會有實安問題。該製造廠商利用電腦視覺技術進行封膜不良產品檢測，可以進行全面檢查，即時檢測。另一個資訊服務商則發展 AI 排程系統，利用歷史生產排程數據並結合類神經網路、蒙地卡羅模擬方法，可以進行最佳生產排程建議。另一個資訊服務廠商則將工廠連續或離散生產數據與所有產線效能指標做相依度之計算，找出影響生產效率關鍵特徵，配合製造專家顧問團隊進行產線問題解讀，進一步建立模型以協助工廠控制各項變因進行製程優化。另一個案例則是運用在製鞋業的塗料自動化，結合 2D 與 3D 機器視覺、手臂控制、電漿噴塗、與機台控制等，透過影像拼接方式，將物件全方位掃描並搭配 AI 深度學習的自動路徑規劃，控制機器手臂帶動電漿噴頭，可以精準將鞋底全表面進行噴塗，取代人工噴塗，更有效率。

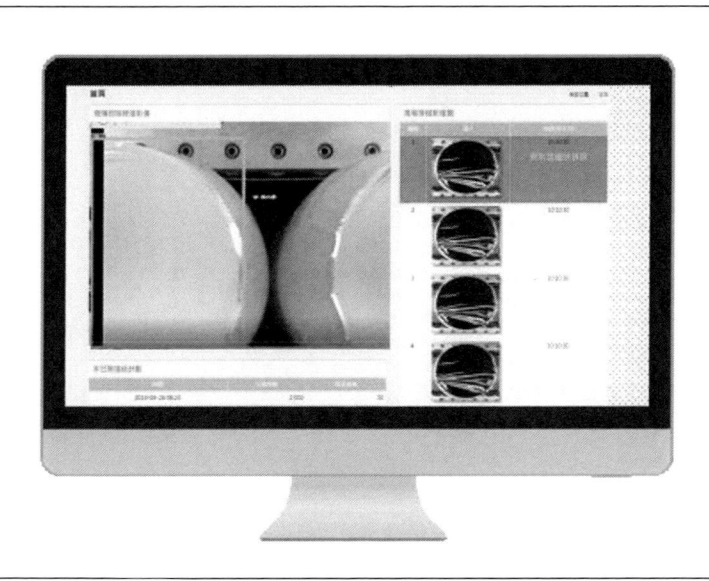

資料來源:中華民國軟體資訊協會、巨歐科技,資策會 MIC 經濟部 ITIS 研究團隊整理,2020 年 9 月

圖 6-10 封膜品質檢測

綜合來看,智慧製造目前推動挑戰透過智慧機械盒逐漸解決設備聯網基礎問題,但仍欠缺投資效益比的誘因。以此,一方面透過小型的驗證案讓製造業可以快速看到效益;另一方面透過數位轉型顧問輔導,讓製造業連結數位科技與轉型方向,以加速製造業採用新興數位科技。

5. 智慧零售

近幾年,臺灣零售業開始積極布局新零售,如:全家 APP 購物系統、全聯 PX Pay 行動支付等。2019 年發展的全聯 PX Pay 上線半年即突破 500 萬,成為前三大行動支付系統,可說是打開行動支付老少咸宜的市場,使得行動支付成為零售業必備的支付系統。全聯的成功代表臺灣智慧零售從便利商店往社區商店、量販店方向發展,使得家樂福業者也積極布局線上線下整合服務,採用雲端 ERP、CRM 系統並整合電商與會員系統數據,並併購頂好,擴展社區商店布局。

由於疫情的影響與行動支付逐漸成熟，也將會使得臺灣零售業更積極擁抱線上線下系統整合。某家家用工具商品門市近年即開始導入不同系統分析消費者行為，如：分析各店面的日、月、年來客數的 Wi-Fi Listening 分析平台，可分析來客數、搭配活動預算，作為行銷成效的判準依據。此外，利用 AI 攝影機畫面分析來店消費者動線，透過人流分析找出銷售的冷熱點，以此為依據調整店內布置與商品組合，讓坪效最大化。該商店亦利用大數據、AI 與專家系統建構了「智慧選枕」系統，可以讓消費者輸入自己生理數據，即推薦最適合枕頭，提高消費者購物體驗。研院開發 AIoT 智慧零售邊緣終端機，利用 AI 數據分析，幫助業者在店舖內設置智慧音箱，指引消費者快速找到產品、獲得相關資訊；賣場人員也可掌握賣場動向，如哪些商品結帳率最高、銷售最佳的人流動線，進而幫助業者擬定更有效的行銷策略。某家資訊服務大廠，亦開發智慧販賣機，搶占便利商店的智慧販賣機市場。此外，某家新創廠商則發展商品影像辨識結帳系統可快速辨識多款多個商品，例如麵包、水果、餐點辨識進而結帳，縮短肉眼辨識時間、結帳處理時間，有效提高辨識精準度。目前已與咖啡蛋糕烘焙專賣店、麵包店合作，導入麵包自助結帳系統，亦積極拓展日本、新加坡、美國零售客戶市場。

資料來源：中華民國軟體資訊協會、創意引晴，資策會 MIC 經濟部 ITIS 研究團隊整理，2020 年 9 月

圖 6-11 麵包自動結帳系統

綜合來看，臺灣實體零售業已經積極布局電商系統與實體系統整合。此外，便利商店、零售商店也開始導入智慧販賣機、電子標籤、體驗系統、影像辨識結帳系統等，愈來愈多零售業將會開始實施店面顧客體驗、顧客數據蒐集方向與電商系統數據整合。

6. 智慧農漁牧業

近年來在政府、學界與業者積極地發展下，智慧農牧業成為一種新的科技創新應用領域，也帶來新科技試驗場所。例如：農委會特生中心開發可自動辨識動物叫聲的人工智慧，可以快速分析特定環境中的各種動物聲音。目前已能辨識 5 百種分別來自 2 百種物種的聲音，主要是鳥類，其次是哺乳類、蛙類，明年將進一步擴展至人類聽不到的聲音－蝙蝠的超音波。虎尾科技大學利用 AI 深度學習技術對採收後的香菇體進行等級辨識，透過卷積神經網路來建立等級辨識 Model，減少人工辨識人力。

地方政府也與業者合作，寄望透過智慧農業來提高農產外銷質與量。例如：嘉義縣政府與某科技大廠子公司合作，希望透過農產媒合系統，打造智慧農業經濟發展新策略，輔導農漁民建構智慧生產及多元行銷，媒合銷售通路與農民收購。臺南市推動魚塭裝設智慧養殖設施如水質監測、智慧水車、投餌、智能電箱等，讓漁民可以透過智慧養殖 APP 即可檢查漁塭狀況，減少辛苦的巡檢。

基龍米克斯新創團隊進行新生豬的全基因組定序，來預測豬仔未來的健康狀況、精準挑選種豬。該系統透過比對全臺 7,000 座養豬場、550 萬頭小豬健康基因，從血液裡找出精準的基因標記。與傳統方法相比，進行基因組定序原本需要 3 個月，該系統僅需 1 周。基龍米克斯結合農委會畜產試驗所、宜蘭大學、屏東東科技大學、華碩健康、資策會和國網中心超級電腦等跨領域資源合作，讓基龍米克斯能進一步分析出長得快的種豬基因型。

綜合來看，臺灣農漁牧業與許多行業一樣，面臨人力缺乏、提升產品品質、擴展市場等數位轉型的需求。許多農漁牧業規模更為微型，需要政府、學校的協助。對資訊服務業來說，可以尋求中央

或地方政府的計畫補助,並與學校合作,在農漁牧業中進行技術的試煉。

(二)臺灣資服展望

展望 2020 年,資訊軟體服務業會在數位轉型需求下以及政府推動的智慧升級計畫下,有不錯的發展機會。以下根據前述行業發展機會,進一步針對資服產業進行展望分析。

表 6-2 臺灣資訊暨軟體產業行業機會

行業	系統整合	雲端運算	套裝軟體	資訊委外	資訊安全
智慧城市	+++	+++	++	+++	+++
智慧金融	++	++	++	++	+++
智慧醫療	++	+	+	+	+++
智慧製造	+++	+	+	++	++
智慧零售	++	++	++	++	+
智慧農漁	++	+++	+	+++	+

註:+ 代表正面影響
資料來源:資策會 MIC 經濟部 ITIS 研究團隊整理,2020 年 9 月

(1) 系統整合:國內系統整合業者包含資訊服務業者、物聯網廠商將從各種數位轉型、智慧產業等軟硬體整合上取得不錯的商機,特別在智慧城市、智慧製造等,有許多整合機會並具備外銷潛力。

(2) 雲端運算:疫情影響同樣帶來國內雲端運算資料中心、網路設備、伺服器、物聯網業者以及遠距應用服務業者的商機。特別是在智慧城市的交通、教育領域、智慧零售的電子商務、外送平台以及智慧農業等,國內將持續發展新的雲端運算應用。

(3) 資訊安全:在疫情發展過程,也出現許多假消息流竄、駭客攻擊等事件,使得增加資訊安全防護需求;臺灣與國際間資訊安

全防護也愈緊密,使得資訊安全更有發展機會,包含區塊鏈、物聯網、假消息辨識、資訊安全防護服務等應用服務。

(4) 資訊委外:資訊委外業者將趁此疫情帶起的新雲端運算、遠距服務熱潮發展新的應用服務,諸如:遠距辦公服務、線上會議、APP開發委外與運行、電商網路行銷服務委外等。

(5) 套裝軟體:套裝軟體正以新的形式進行轉型,包含雲端應用服務、訂閱服務等。另一方面,人工智慧、大數據應用等需要思考如何形成套裝軟體及標準化,以快速拓展到其他企業。

附錄

一、中英文專有名詞對照表

英文縮寫	英文全名	中文名稱
ADLM	APPlication Development Life Cycle Management	程式開發週期管理
AI	Artificial Intelligence	人工智慧
AO	APPlication Outsourcing	應用軟體委外
API	APPlication Programing Interface	應用程式介面
APS	Advanced Planning & Scheduling System	先進規劃排程
APT	Advanced Persistent Threat	進階持續性威脅
ATM	Automatic Teller Machine	自動存提款機
AR	Augmented Reality	擴增實境
BI	Business Intelligence	商業情報系統／商業智慧
BPM	Business Process Management	商業流程管理
BPO	Business Process Outsourcing	企業流程委外
BYOD	Bring Your Own Device	自攜裝置
CDN	Content Delivery Network	內容遞送服務
CRM	Customer Relationship Management	顧客關係管理
CT	Communication Technology	通訊科技
DDoS Attack	Distributed Denial of Service Attack	分散式阻斷服務攻擊
DLP	Data Loss Prevention	資料外洩防護
EDR	Endpoint Detection and Response	端點偵測與回應
ERP	Enterprise Resource Planning	企業資源規劃
HPA	High Performance Analytics	高效能運算分析

英文縮寫	英文全名	中文名稱
IaaS	Infrastructure-as-a-Service	基礎服務
ICS	Industrial Control Systems	工業控制系統
IDS	Intrusion Detection System	入侵偵測系統
IO	Infrastructure Outsourcing	基礎建設委外
IoT	Internet of Things	物聯網
IPS	Intrusion Prevention System	入侵預防系統
IT	Information Technology	資訊科技
ITO	IT Outsourcing	資訊科技委外
MDM	Mobile Device Management	行動裝置管理
MES	Manufacturing Execution System	製造執行系統
MOM	Message-Oriented Middleware	訊息導向中介服務
NTA	Network Traffic Analysis	網路流量分析
NFC	Near Field Communication	近距離無線通訊
NGFW	Next-Generation Firewall	世代防火牆
NRI	Networked Readiness Index	網路整備度
O2O	Offline-to-Online	線上線下虛實整合
OLAP	Online Analytical Processing	線上分析處理
OT	Operational Technology	營運科技
PaaS	Platform-as-a-Service	平台即服務
PLM	Product Lifecycle Management	產品生命週期管理
POS	Point of Sales	終端銷售系統
RDBMS	Relational DataBase Management System	關聯式資料庫
SaaS	Software-as-a-Service	軟體即服務
SCM	Supply Chain Management	供應鏈管理

英文縮寫	英文全名	中文名稱
SCP	Supply Chain Planning	供應鏈規劃系統
SDN	Software-Defined Network	軟體定義儲存
SDS	Software-Defined Storage	軟體定義儲存
SFA	Sales Force Automation	銷售人員自動化
SOAR	Security Orchestration／Automation／Response	資安協調、自動化與回應
SOC	Security Operation Center	資安監控／維護／營運中心
TMS	Transporation Management System	運輸管理系統
UAP	Unified Analytics Platform	統一分析平台
UEBA	User and Entity Behavior Analytics	使用者與實體設備行為分析
UTM	Unified Threat Management	整合式威脅管理
VA	Vulnerability Assessment	弱點掃描
VAR	Value Added Reseller	加值經銷商
VPN	Virtual Private Network	虛擬私人網路
VR	Virtual Reality	虛擬實境
WAF	Web Application Firewall	網路應用防火牆
WMS	Warehouse Management System	倉儲管理系統

二、近年資訊軟體暨服務產業重要政策與計畫觀測

（一）歐洲

　　1.歐盟

歐盟雲端（Cloud for Europe）政策

項目	內容
願景或目標	建立歐盟雲端運算信任度，定義公部門對雲端運算的需求和案例，以促進公部門對雲端服務的採用
主要內容	● 補助經費達 980 萬歐元，來自 12 個國家共同參與，將以公部門與業界協同合作的方式來支援公部門雲端運算服務導入 ● 確保雲端運算用戶之間實現服務的互通性以及數據的可移植性 ● 為提高雲端運算的可信度，支持在歐盟範圍內發展雲端運算服務供應商的認證計畫 ● 開發包括保證服務質量的雲端運算服務含同在內的安全且公正的條款

資料來源：Homeland Security，資策會 MIC 經濟部 ITIS 研究團隊整理，2020 年 9 月

歐盟電子化政府行動方案 2016-2020
（European eGovernment Action Plan 2016-2020）

項目	內容
願景或目標	電子化政府不僅只是導入科技，並使行政部門從市民與企業的角度來設計，且適時適地提供所需的公共服務，使達到公共行政服務現代化、開發數位內需市場、與市民及企業有更多互動，以提供高品質服務
主要內容	• 利用一些關鍵數位技術（例如連接歐洲基金中的數位服務基礎建設：電子身份證、電子簽名、電子文件交換等）來使公共行政服務現代化 • 透過跨境互通性（Cross-border interoperability）讓市民與企業可以更方便出入不同國家 • 促進公共行政部門與民間單位和民眾之間的數位互動 • 目前已有 20 項行動將立即啟動；而後續將會透過一個線上的利益相關者參與平台 eGovernment4EU，讓市民、企業及公共行政部門一同創造並提出新的方案

資料來源：歐盟執委會，資策會 MIC 經濟部 ITIS 研究團隊整理，2020 年 9 月

歐盟 PSD 2（Second Payment Services Directive）

項目	內容
願景或目標	允許第三方服務供應商（TPSP）直接存取消費者銀行的交易帳戶資料庫，更全面掌握消費者行為，提供更有效率、便宜的電子支付方案
主要內容	<ul><li>第三方服務供應商（TPSP）可做為支付供應商（PISP）或帳戶訊息提供商（AISP）</li><li>帳戶訊息提供商（AISP）：藉由取得客戶銀行資料分析用戶支出與行為</li><li>支付供應商（PISP）：將消費者各銀行帳戶連結，進行快速有效付款</li><li>過往銀行可以拒絕 TPSP 的訪問請求。在 2015 年後，第三方服務供應商（TPSP）與銀行的互動受到監管，例如須拿到業務牌照、建立新型架構、異常事件報告、風管與內控</li><li>而銀行必須調整原先對客戶的資料封閉心態，因銀行將失去與客戶直接互動的優勢，須重新定其營運模型</li><li>從 2020 年 12 月 31 日起，PSD2 要求使用嚴格的用戶認證機制（SCA），並且所有歐洲電子商務交易都需要 SCA</li></ul>

資料來源：歐盟執委會，資策會 MIC 經濟部 ITIS 研究團隊整理，2020 年 9 月

歐盟 GDPR（General Data Protection Regulation）

項目	內容
願景或目標	協調整個歐洲的數據隱私、保護並授權所有歐盟公民的數據處理與數據自由
主要內容	<ul><li>企業必須聘任「資料保護官」（DPO）</li><li>數據控制者（Data Controller）對於數據主體（Data Subject）數據收集、使用需透明</li><li>知情與訪問數據的權力（Information and access to personal data）：數據主體有權得知數據處理目的、有權要求接收自身數據</li><li>請求更正與刪除的權利（The right to rectification and erasure）：數據主體有權要求刪除數據、攜帶與移轉數據</li><li>不受自動化決策約束（Automated individual decision-making）：數據主體有權不受人工智慧與大數據分析下自動化決定的約束</li><li>限制處理的權利（The right to Restriction）：要求數據控制者停止處理個人數據</li><li>「被遺忘權」：資料的當事人可以要求包括資料控制者以及資料處理者，必須協助抹除當事人個人資料、停止使用當事人個資</li><li>反對被自動化剖析（Profiling）權利：GDPR 賦予資料當事人有權了解某一項特定服務，是如何利用大數據分析、機器學習、人工智慧等技術，進行資料分析和研判的服務，當然也有權反對被如此剖析</li></ul>

資料來源：歐盟執委會、歐洲數據保護委員會（EDPB），資策會 MIC 經濟部 IT IS 研究團隊整理，2020 年 9 月

《歐盟網絡安全法》(The EU Cybersecurity Act)

項目	內容
願景或目標	<ul><li>進行《歐盟網絡安全法》修訂，強化歐盟網絡安全機構(ENISA)</li><li>提供發展全歐洲資通訊(ICT)服務、產品和流程一個網路安全認證計畫架構</li><li>第 526/2013 號(EU)法規應予廢除</li></ul>
主要內容	<ul><li>依據「非個人資料自由流通規則(Free Flow of Non-personal Data Regulation)」的目標，值得信任且安全的雲端基礎設施和服務，是實現歐洲資料可移動性的基本要求</li><li>確保企業、公共管理部門和公民的資料，無論在歐洲何處處理或儲存，都同樣安全</li><li>ENISA 將開發針對雲端基礎設施和服務的網路安全認證計畫，並提案供 EC 採用</li><li>確保 ICT 產品、ICT 服務或 ICT 流程滿足網路安全認證計畫的安全要求基礎</li><li>網路安全威脅是一個全球性問題，需要進行更緊密的國際合作以改善網路安全標準，包括定義共同的行為規範、國際標準以及信息共享</li></ul>

資料來源：歐盟執委會，資策會 MIC 經濟部 ITIS 研究團隊整理，2020 年 9 月

《非 IP 相關網路連接產業規範小組》

項目	內容
願景或目標	非 IP 相關網路連接產業規範小組,即 ISG NIN(Industry Specification Group Addressing Non-IP Networking)解決非 IP 網路 5G 新服務相關問題,並定義技術標準,透過設計確保安全性,並提供直播媒體較低延遲的服務
主要內容	<ul><li>2020 年 9 月 7 日,ETSI 改革 ISG NGP 成立新小組 ISG NIN,以提供新 5G 應用之最適服務,並以較低投資成本(CapEx)與維運成本(OpEx)有效管理組織</li><li>ISG NIN 將成果應用於專用行動網路、核心網路之公共系統以及端對端</li><li>ISG NIN 與產業組織之合作成果,將提供行動通訊業者一套尖端協定以增加業者的服務組合</li><li>專注於可替代 TCP/IP 的候選網絡協議技術,這些協議可以持續到 2030 年以後</li></ul>

資料來源:ETSI,資策會 MIC 經濟部 ITIS 研究團隊整理,2020 年 9 月

《地平線 2020》(Horizon 2020)

項目	內容
願景或目標	• Horizon 2020 側重於卓越的科學發展,提升產業領導地位和因應社會挑戰,並透過研究與創新結合,從而實現這一目標 • 確保歐洲發展世界一流的科學技術,消除創新上的困境,並使公營和私營部門能更輕鬆地共同合作 • 主要目的為確保歐洲的全球競爭力
主要內容	• 此計畫投入近 4,100 萬歐元,致力促進歐洲網路安全與隱私系統的創新,將支持 9 個網路安全及隱私解決方案的創新計畫 • 開發 2020 年及以後的歐洲研究基礎設施,確保 ESFRI 和其他世界級研究基礎設施的實施和運作,包括發展區域合作夥伴設施 • 整合和使用國家研究基礎設施,以及電子基礎設施的開發、部署和運營 • 培養研究基礎設施及其人力資本的創新潛力 • 加強歐洲研究基礎設施政策和國際合作 • 提升奈米技術、生物科技、機器人領域、互聯網、內容技術及資訊管理等的發展 • 為科學技術突破、相關企業成長和因應社會挑戰三大方面,擬定計畫與獎勵政策,促進共同發展

資料來源:歐盟執委會,資策會 MIC 經濟部 ITIS 研究團隊整理,2020 年 9 月

2. 英國

《全球人工智慧合作組織創始成員的聯合聲明》
(Joint Statement from founding members of the Global Partnership on Artificial Intelligence)

項目	內容
願景或目標	<ul><li>GPAI 是一項多方利益相關者的國際性倡議，旨在基於人權、包容性、多樣性、創新和經濟增長來指導負責任的 AI 開發及使用</li><li>透過支持 AI 相關優先事項的前沿研究和應用活動，尋求在 AI 理論與實踐之間架起橋樑</li></ul>
主要內容	<ul><li>澳大利亞、加拿大、法國、德國、印度、義大利、日本、墨西哥、新西蘭、南韓、新加坡、斯洛文尼亞、英國、美國和歐盟共同加入，建立全球人工智慧合作夥伴關係（GPAI 或 Gee-Pay）</li><li>GPAI 將與合作夥伴及國際組織合作，召集來自企業、社會、政府和學術界的領先專家，就四個工作組主題進行合作：1.負責任的人工智慧；2.數據治理；3.工作的未來；4.創新與商業化</li><li>至關重要的是，短期內 GPAI 的專家將研究如何利用 AI 更好地因應 COVID-19 並從中恢復</li></ul>

資料來源：英國政府法規，資策會 MIC 經濟部 ITIS 研究團隊整理，2020 年 9 月

英國資料保護法（Data Protection Act 2018）

項目	內容
願景或目標	個人數據的使用都必須遵循稱數據保護原則的嚴格規則
主要內容	<ul><li>DPA 至今已於英國實行 20 餘年，奠定英國資料保護法律架構。為接軌歐盟的 GDPR，補齊與現行法規落差，2018 年制定更現代化與全面性的法律架構，賦予人們更多資料控制權，例如提供移轉或刪除資料的新興權力</li><li>今年隨著脫歐而有細部修正：所有法律所指的歐盟法規和機構的地方均更改為英國</li></ul>

資料來源：英國金融行為監管局（FCA），資策會 MIC 經濟部 ITIS 研究團隊整理，2020 年 9 月

英國 GDPR（UK-GDPR）

項目	內容
願景或目標	英國脫歐的過渡期後，將不再受歐盟 GDPR 的監管，取而代之的是英國自己的 UK-GDPR，自 2020 年 9 月 31 日生效
主要內容	• UK-GDPR 擴展的領域包括：國家安全、情報服務、出入境（移民）。它規定了某些例外情況，例如在國家安全或移民事務中，可以繞過個人數據的常規保護 • 當今英國領先的數據保護機構資訊專員將成為 UK-GDPR 的監管者和執行者 • 英國資訊專員辦公室（ICO）接管了與 UK-GDPR 法規和實施有關的所有事務 • 由於 UK-GDPR 的規範範圍，世界上任何蒐集或處理英國內部個人數據的網站或公司都必須遵守 UK-GDPR • 在英國提供服務的歐盟公司需要任命一名代表，這與歐洲 GPDR 的情況相反

資料來源：英國政府法規，資策會 MIC 經濟部 ITIS 研究團隊整理，2020 年 9 月

開放銀行（Open Banking）

項目	內容
願景或目標	開放銀行（Open Banking）主張將銀行帳戶資訊控制權回歸消費者，由消費者決定帳戶數據存取機構為銀行或非銀行的第三方機構（TPP）
主要內容	• 允許第三方（TPP）透過 API 串接消費者金融機構資訊 • 使用者利用 APP 將所有銀行入口納入做同一管理。使用者在選擇某銀行入口後 APP 導入該銀行系統進行交易，交易完成後再導回 APP，這時 APP 會顯示使用者此次消費的現金流出與總體帳戶資產的存款金額 • 透過共享金融數據，消費者詳細了解其帳戶資訊，更容易、無縫管理不同銀行間交易

資料來源：英國金融行為監管局（FCA），資策會 MIC 經濟部 ITIS 研究團隊整理，2020 年 9 月

《英國科技業的未來貿易戰略》(future trade strategy for UK tech industry)

項目	內容
願景或目標	• 促進數位貿易並幫助英國成為全球科技強國 • 吸引來自世界各地的更多投資,以支持英國技術 • 在全球推廣英國的技術,並與全球合作夥伴共同促進發展
主要內容	• 對快速成長的國際市場(包括亞太地區)增加技術出口,加強規模擴大的市場準備出口,並吸引投資以推動創新並創造就業機會 • 由於新冠病毒的影響,許多數位技術行業的需求不斷成長,包括 EdTech、MedTech、金融科技和網絡安全等,從而帶來了更多的出口機會 • 為 DIT-DCMS 聯合網啟動亞太地區數位貿易網(DTN),推動英國高科技產業於亞太地區的發展,為英國吸引資金與人才,並加強英國在國際上的數位經濟合作 • 成立新的技術出口學院,為高潛力的中小企業提供專業建議,以支持其向優先市場的發展 • 高科技技術將是「準備好交易」運動的核心,其中包括 EdTech、MedTech、網絡、VR、遊戲和動畫 • 擴大對 DIT 高潛力機會(HPOs)技術計畫的支持,以推動外國直接投資(FDI)進入新興子行業,包括 5G、工業 4.0、光子學和沉浸式技術,確保英國仍然是歐洲最有吸引力的技術投資目的地

資料來源:英國政府法規,資策會 MIC 經濟部 ITIS 研究團隊整理,2020 年 9 月

（二）北美與俄羅斯

1. 美國

《2019 年與未來 5G 安全法案》

（Secure 5G and Beyond Act of 2019）

項目	內容
願景或目標	總統和各聯邦機構制定一項「確保 5G 和下一代無線通信安全」的國家戰略，以維護美國 5G 技術安全，協助美國盟友最大限度地提高 5G 技術安全性，並保護行業競爭力及消費者隱私
主要內容	• 確保美國境內的 5G 通信技術是安全的；協助美國的戰略夥伴保護 5G 網路，以維護美國的國防利益；保護美國私營企業的競爭力；保護美國公民的隱私；保護標準制定機構的完整性，不受政治影響 • 確認國內外 5G 技術值得信賴的供應商，並調查此類設備的國際供應鏈中是否存在安全漏洞 • 制定外交計畫，以協調與其他可信賴盟友和戰略合作夥伴共享 5G 技術的安全性及風險資訊 • 除設備安全問題外，還要識別網路漏洞和資安風險 • 確保使用 5G 網路的經濟及國家安全利益

資料來源：美國 OSTP，資策會 MIC 經濟部 ITIS 研究團隊整理，2020 年 9 月

《資料中心優化戰略計畫》（DCOI Strategic Plan）

項目	內容
願景或目標	解決 SBA 開發、實施、監視和報告數據中心戰略的備忘錄要求，以凍結新數據中心及當前資料中心；合併與關閉現有資料中心；進行雲端和資料中心優化
主要內容	<ul><li>SBA 將盡可能地優化、整合和遷移其資料中心到雲端，並在適當情況下關閉資料中心</li><li>根據需求彈性分配資源是提供及時服務的關鍵，並且是雲端智慧策略中的重要概念</li><li>OMB 優先考慮增加聯邦系統的虛擬化，以提高效率和應用程式可移植性</li><li>SBA 致力於採用雲端解決方案，以簡化轉換過程並採用符合聯邦雲端智慧戰略的現代功能</li><li>SBA 實施了 Microsoft Systems Center 和 Microsoft Operations Manager Suite，以進行自動監視和伺服器利用率管理</li></ul>

資料來源：美國小型企業管理局（SBA），資策會 MIC 經濟部 ITIS 研究團隊整理，2020 年 9 月

《AI 原則：國防部關於以道德方式使用人工智慧的建議（內部政策）》

項目	內容
願景或目標	透過提供五種道德原則和十二種關於國防部如何最好地結合這些原則的建議，推薦美國國防部使用人工智慧的道德準則
主要內容	<ul><li>負責任：人類以適當的判斷力，對開發、部署 AI 系統及監視其結果負責</li><li>公平：國防部在開發和使用會無意中對人造成傷害的 AI 系統時，應避免偏見</li><li>可追溯：必須以易於理解和透明的方式來製造和使用 AI 系統</li><li>可靠：AI 系統應具有明確定義的使用範圍，還必須安全、有效地完成其需要執行的特定任務</li><li>易於管理：AI 系統應經過設計以實現其預期功能，並能夠檢測、避免意外的傷害或破壞</li><li>加強 AI 測試和評估技術，以創建新的測試基礎結構</li><li>開發基於道德、安全和法律因素的 AI 風險管理方法，以管理 AI 應用程式的各級別風險</li></ul>

資料來源：美國 OSTP，資策會 MIC 經濟部 ITIS 研究團隊整理，2020 年 9 月

美國開放資料計畫（The Opportunity Project）

項目	內容
願景或目標	透過聯邦政府資源，把地方資料轉化為線上資料，並且開放給智慧應用的開發者們，使其有辦法為這些地方資料建立分析模型
主要內容	• The Opportunity Project 資料包含犯罪紀錄、房價、教育與政府職缺等，開放美國境內 9 大城市如紐約與舊金山等資料。此外美國聯邦政府也提供一些工具給開發者，方便其進行下一步應用開發 • 對於將智慧城市、物聯網定位於未來發展的城市來說，此計畫將帶來相當大的幫助

資料來源：美國小企業創新研究（SBIR）計畫，資策會 MIC 經濟部 ITIS 研究團隊整理，2020 年 9 月

《聯邦衛生 IT 計畫：2020-2025 年（草案）》
（Federal Health IT Strategic Plan）

項目	內容
願景或目標	• 美國衛生與公共服務部（HHS）發布此計畫草案，期望利用 IT 的力量來改善美國的醫療保健狀況 • IT 技術應改善患者的健康狀況、尋求護理的經驗 • 以機器學習等數據分析技術來促進更具個性化的護理，改善醫療保健研究和管理 • 促進醫療保健提供者和研究人員之間共享電子健康記錄（EHR）
主要內容	• 增加患者對數據的訪問，改善健康數據的可移植性，以便患者尋求最佳護理 • 促進健康行為和自我管理，將更多的社會因素納入電子健康記錄（EHR）中，並利用個人和社區級別的數據來解決流行病和其他公共衛生問題 • 利用機器學習來開發針對性的療法 • 鼓勵「對數據共享的期望」，加強不同利益相關者之間的協作，並提高患者對自己數據的理解

資料來源：美國 OSTP，資策會 MIC 經濟部 ITIS 研究團隊整理，2020 年 9 月

美國安全通訊平台專案（Secure Messanging Platform）

項目	內容
願景或目標	應用區塊鏈（Blockchain）相關技術，打造安全的行動通訊與交易平台。運用分散式訊息骨幹的方式，讓使用者從建立訊息、傳輸訊息、發送與接收訊息等階段都能保障其訊息安全
主要內容	• 階段一：打造去中心化（decentralized）「區塊鏈」技術做為平台骨幹，讓該平台可抵禦監聽和駭客攻擊 • 階段二：持續平台開發、測試與評估，讓平台是可運作的雛型（prototype）階段，計畫時間為期二年，計畫經費最高為 100 萬美金 • 階段三：專注商業化和大規模推廣此平台的運用，此階段增加了去中心化的區塊鏈分散式帳簿系統中用戶的測試與平台的監控

資料來源：美國小企業創新研究（SBIR）計畫，資策會 MIC 經濟部 ITIS 研究團隊整理，2020 年 9 月

2.加拿大

《服務與數位政策》（Policy on Service and Digital）

項目	內容
願景或目標	2020 年 9 月 1 日生效，取代過去舊有政策，希望透過數位技術改善客戶服務體驗和政府運營，提供更好的數位政府服務
主要內容	• 管理內、外部企業服務、信息、數據、IT 和網路安全的戰略方向，並定期審查 • 優先考慮加拿大政府對 IT 共享服務和資產的需求 • 推動現代化政策，並提高創新技術和解決方案的能力，如 AI 和區塊鏈，提供該國人民更好、更快、更便利的政府服務 • 政府服務都改為一站式線上窗口，簡化稅務申報及改善就業保險程序等 • 促進服務設計和交付、信息、數據、IT 和網路安全方面的創新和試驗

資料來源：加拿大政府政策，資策會 MIC 經濟部 ITIS 研究團隊整理，2020 年 9 月

3. 俄羅斯

《2030 年前國家人工智慧發展戰略》

項目	內容
願景或目標	• 在經濟、社會領域優先發展和使用人工智慧,確定人工智慧發展的七項基本原則,即保護人權與自由、降低安全風險、保持工作透明性、確保技術獨立自主、加強創新協作、推行合理節約資源、支持市場競爭 • 使俄羅斯在人工智慧領域居於世界領先地位,以提高人民福祉和生活質量,確保國家安全和法治,增強經濟可持續發展競爭力
主要內容	• 支持人工智慧領域基礎和應用科學研究:合理增加科研人員編制數量;鼓勵企業和個人投入研發;開展跨學科研究等 • 開發和推廣採用人工智慧的軟體:支持創建國內外開源人工智慧程式庫;制定統一的質量標準等 • 提高人工智慧發展所需數據的可訪問性和質量:開發統一的資訊描述、採集和標記方法;創建和升級各類數據公共訪問平台,並保障政府優先訪問權等 • 提高人工智慧發展所需硬件的可用性:開展神經計算系統架構基礎研究;建立高性能資料處理中心等 • 提高人工智慧人才供應水平及民眾對人工智慧的認知水平:在各級教育計畫中引入編程、數據分析、機器學習等教育模塊;普及人工智慧知識等 • 建立協調人工智慧與社會各方關係的綜合體系:簡化人工智慧解決方案的測試和引入程序;完善公私合作機制;制定與人工智慧互動的道德倫理規範等

資料來源:中國商務部駐俄羅斯處,資策會 MIC 經濟部 ITIS 研究團隊整理,2020 年 9 月

（三）紐澳

1. 澳洲

澳洲消費者資料權法（Consumer Data Right）

項目	內容
願景或目標	消費者可以選擇與其值得信賴的金融機構之間進行安全數據共享，提高消費者在產品和服務之間進行比較和切換的能力。鼓勵服務提供商之間的競爭，為客戶提供更優惠的價格
主要內容	<ul><li>消費者有權獲得和分享存於金融機構個人資訊</li><li>允許消費者對金融機構提供的產品進行金融機構同業間比較，如：不同銀行發行的房貸商品</li><li>消費者有權力不參與資訊分享，如：決定不與第三方共享金融訊息</li><li>CDR 旨在使消費數據為消費者提供益處，而不只是為大型機構提供服務</li><li>通過 2020 年 9 月澳大利亞議會通過的開放銀行立法將開放銀行寫入其消費者數據權利（CDR）法中，從 2020 年 7 月 1 日起，消費者可以指示澳大利亞的主要銀行提供信用卡和借記卡，存款和交易帳戶數據</li></ul>

資料來源：澳洲消費者資料權法，資策會 MIC 經濟部 ITIS 研究團隊整理，2020 年 9 月

《擬定強制性的法規》（Mandatory Code）

項目	內容
願景或目標	要求使用澳洲當地媒體機構新聞的數位平台支付新聞授權費，成為全球首個對此制訂強制性法規的國家
主要內容	<ul><li>鑒於 Google、Facebook 等具有市場主導地位的大型數位平台對於新聞產業影響甚鉅，澳洲政府認為應提高獲取新聞來源的透明度，使媒體業者獲取合理的收益</li><li>2020 年 9 月 20 日，澳大利亞政府宣布已指示 ACCC 制定強制性的行為準則，以解決澳大利亞新聞媒體企業與 Google 和 Facebook 各自之間的議價能力失衡問題</li><li>澳洲政府已與澳洲競爭與消費者委員會（Australian Competition and Consumer Commission, ACCC）共同研擬強制性法規，草案預計於 2020 年 7 月底發布</li></ul>

資料來源：ACCC，資策會 MIC 經濟部 ITIS 研究團隊整理，2020 年 9 月

(四) 東南亞

1. 越南

《國家數位化轉型計畫》

項目	內容
願景或目標	• 計畫近期至 2025 年,遠期展望至 2030 年 • 在發展數位政府、數位經濟、數位社會的同時,還關注建設具有全球競爭力的數位企業
主要內容	• 發展數位化政府,提高政府運作效率和效力 • 進一步完善國家資料庫,包含住宅、土地、商業登記、金融、保險等領域,實現全國範圍內資訊共用,為建設電子政務打下基礎 • 到 2030 年,透過包括移動設備在內的各種工具提供 100%四級線上公共服務 • 普及光纖寬頻互聯網服務和 5G 移動網路服務 • 加強推廣,使擁有電子支付帳戶的人口超過 80%

資料來源:越南政府門戶網,資策會 MIC 經濟部 ITIS 研究團隊整理,2020 年 9 月

2. 馬來西亞

《境外數位服務消費稅》

項目	內容
願景或目標	為本地業者在數位技術領域的公平競爭提供條件,使其與外國公司公平競爭
主要內容	• 從 2020 年 9 月 1 日開始,包括各類線上應用程式、音樂、影音、廣告、遊戲等境外數位服務業者,必須在馬來西亞繳納 6%的數字服務稅(DST) • 年營業額超過 500,000 林吉特(US $120,000)的企業有義務支付 DST • 投資者應持續追蹤馬來西亞在數位服務方面的監管政策,以保持合法性 • 同樣有實施數位稅的國家還包括澳洲(10%)、挪威(25%)和南韓(10%)等

資料來源:東協新聞官網,資策會 MIC 經濟部 ITIS 研究團隊整理,2020 年 9 月

（五）東亞

1.日本

世界最尖端 IT 國家創造宣言・官民資料活用推進基本方針

項目	內容
願景或目標	<ul><li>為集中因應日本社會持續邁向超高齡少子化之下，諸如經濟再生、財政健全化、地域活性化、社會安全安心等議題，指定 8 大領域（①電子行政②健康、醫療、介護③觀光④金融⑤農林水產⑥製造⑦基礎建設、防災、減災等⑧行動）為重點，視 2020 年為一個階段驗收點的前提下，未來將著眼於橫跨領域的資料協作，推展各領域應採取的重點措施</li><li>希望成為世界最安全的自動駕駛社會、在各大國際 IT 相關評比上獲得最佳排名</li></ul>
主要內容	<ul><li>由首相官邸於 2017 年 5 月決議完成，取代過去自 2013 年推行的「世界最尖端 IT 國家創造宣言」</li><li>打造電子行政的數位政府：遵循無紙化以及「Cloud by Default」原則，施行政府資訊系統改革、以服務為出發點的業務流程再造、行政手續化簡與網路化，期望在 2021 年使行政成本達到 1,000 億日圓的削減</li><li>推動「Open by Design」發展、各領域資料公開、官民間的資訊流通</li><li>建置跨領域資料協作的平台，包含資料標準化、推廣銀行體系 API、農業資料協作、中央及地方各團體對災害情報的共享等</li><li>促進日本與美國、歐盟及亞太地區、G7 等各國間資料流通、協作</li><li>確保離島等基礎設施條件較低落地區之超高速寬頻、網路和電信訊號的易達性</li><li>培育人工智慧、物聯網與資安人才、普及程式設計教育</li><li>以人工智慧推動高品質、個人化的醫療照護，開發多語言聲音翻譯技術並進行導入實證</li><li>推廣分享經濟、遠距工作</li></ul>

資料來源：日本首相官邸，資策會 MIC 經濟部 ITIS 研究團隊整理，2020 年 9 月

《TOKYO Data Highway 基本戰略》

項目	內容
願景或目標	• 透過5G技術創造新產業、增強都市競爭力，以解決少子化、高齡化，及環境或其他社會問題 • 整合東京市政府與電信業者的知識與經驗，達到東京成為世界區域性5G（Local 5G）技術最先進城市的目標
主要內容	• 為鼓勵業者搭建天線或基地台，政府將採用一站式服務（單一窗口）簡化申請流程，並開放東京公共資產如建築、公園、道路、巴士站、捷運出入口、交通號誌等空間供業者使用 • 於教育、醫療、防災、自駕車、虛實整合與遠距工作等領域，制定適合東京的區域性5G應用 • 引入MaaS和自動駕駛系統來減少交通擁堵，減少交通事故 • 利用AI、物聯網、機器人等提高人均生產率，發展遠程醫療和機器人護理技術，應對人口下降 • 利用無人機進行基礎設施檢查，發展AI損害預測 • 提高信息通信技術教育和遠程學習等教育質量，並確保學習機會 • 全力發展重點區域性5G應用，包括2020年世界焦點的「東京奧運會場」；居民眾多且距離東京市政府較近，容易以政策引導促進區域性5G應用的「西新宿」；擁有尖端資通訊研究設備以研究區域性5G應用的「東京都立大學」等

資料來源：東京戰略政策情報推進部，資策會MIC經濟部ITIS研究團隊整理，2020年9月

物聯網實證計畫

項目	內容
願景或目標	推動日本物聯網規格成為國際標準
主要內容	• 日本經濟產業省將提供經費補助，擴大進行實證研究，以加速推廣物聯網至各產業領域 • 具體作法是利用智慧工廠（可自機器上的感應器蒐集資訊以提高生產效率）、人工智慧（不需成本即可計算出最快速的生產方法）等技術，建立城鎮間的工廠可共享資訊，以攜手接單及生產之系統，並藉以推動做為國際標準

資料來源：日本經濟產業省，資策會 MIC 經濟部 ITIS 研究團隊整理，2020 年 9 月

2. 韓國

《2028 年 6G 服務商業化》

項目	內容
願景或目標	為迎接即將來臨之 6G 行動通訊時代，韓國政府與民間共同推進 6G 技術發展，以 2028 年實現 6G 服務商業化為目標
主要內容	• LG 與韓國科學技術院（Korea Advanced Institute of Science and Technology, KAIST）於 2019 年 1 月成立 LG Electronics-KAIST 6G 研究中心，為第六代（6G）無線網絡開發核心技術 • 韓國科學與信息通信技術部已選定的 14 個戰略課題中把用於 6G 的 100GHz 以上超高頻段無線器件之研發列為「首要」 • 三星電子公司與 SK 電訊在 2019 年 6 月中旬宣布合作開發 6G 核心技術並探索 6G 商業模式，並且把區塊鏈、6G、AI 作為未來發力方向 • 2019 年 7 月，韓國科學技術情報通信部（Ministry of Science and ICT, MSIT）舉辦中長期 6G 研究計畫之公聽會，與通訊業者、大學等機構討論 6G 基礎設施和新技術開發業務之目標與方向，預計 2021 年至 2028 年展開 6G 核心技術研發並投入約 9,700 億韓元資金，目標使韓國於 2028 年成為首個實現 6G 服務商業化的國家

資料來源：韓聯社，資策會 MIC 經濟部 ITIS 研究團隊整理，2020 年 9 月

南韓 ICT 雲端運算發展計畫
（K-ICT Cloud Computing Development Plan）

項目	內容
願景或目標	• 第一階段（2016-2018 年）：將國家社會 ICT 基礎設施移到雲端，促進南韓雲端產業發展動能；雲端運算的使用率從目前的 3%成長到 2018 年 30%，並將致力於在未來三年創造新的雲端運算市場，以鞏固產業地位 • 第二階段（2019-2021 年）：目標在 2021 年韓國成為雲端產業的領先者
主要內容	• 發展以雲作為新型態服務的 ICT 基礎設施，使創意經濟和 K-ICT 戰略及「以軟體為基礎的社會」的目標得以實現。雲將成為實現政府 3.0，即開放、共享、交流和協作的核心價值的關鍵基礎設施，有助於促進機構之間資訊共享和創造開放的溝通和無障礙政府 3.0 的基礎 • 促進雲端產業發展的三大策略，包括公共部門積極主動地採用雲端運算、私營部門增加使用雲；構建雲端產業發展生態系統

資料來源：韓國未來創造科學部，資策會 MIC 經濟部 ITIS 研究團隊整理，2020 年 9 月

《人工智慧（AI）國家戰略》

項目	內容
願景或目標	<ul><li>該戰略旨在推動韓國從「IT 強國」發展為「AI 強國」，制定包括產業推動、教育、行政、工作革新等政府層面的「AI 國家戰略」，計劃在 2030 年將韓國在人工智慧領域的競爭力提升至世界前列</li><li>達成數位競爭力世界前 3 名，透過 AI 創造高達 455 兆韓元的智慧經濟產值、世界前 10 名的生活品質等三大目標</li></ul>
主要內容	<ul><li>構建引領世界的人工智慧生態系統，成為人工智慧應用領先的國家，實現以人為本的人工智慧技術</li><li>在人工智慧生態系統構建和技術研發領域，韓國政府將爭取至 2021 年全面開放公共數據，到 2024 年建立光州人工智慧園區，到 2029 年為新一代存算一體人工智慧晶片研發投入約 1 萬億韓元</li><li>集中培育人工智慧創業公司，並為人工智慧初創企業發展提供管制放寬、完善法律服務等各方面的支持</li><li>為建構 AI 生態系統，政府將擴展 AI 基礎設施及確保 AI 半導體技術安全，並預計於 2020 年為 AI 領域的創新制定《綜合監理藍圖》以整頓法律制度</li><li>為鼓勵 AI 創業，將籌募「AI 投資基金」，並舉辦全球 AI 創業交流的「AI 奧運會」</li><li>教育方面，政府將建立適用所有年齡及職業、專門培養 AI 基本能力的教育系統，擴大 AI 研究課程，將 AI 編入小學至高中的基礎課程，並允許 AI 相關學科之學校教授在公司任職</li><li>政府還針對 AI 可能引發的道德問題研擬「AI 道德規範」，並計劃建立跨部會合作及品質管理機制，以解決各種新型問題並驗證 AI 的安全性</li></ul>

資料來源：韓聯社，資策會 MIC 經濟部 ITIS 研究團隊整理，2020 年 9 月

南韓智慧電網主要發展重點

項目	內容
願景或目標	• 藉由建置充電基礎建設與發展商業模式，帶動發展南韓電動車產業 • 知識經濟部提出智慧電網之國家發展藍圖，智慧電網試驗與運行計畫於 2020 年完成，到 2030 年達到全國普及
主要內容	• 智慧電網示範地點為濟州島，示範內容包括電動車相關基礎建設、節能住宅與再生能源等。政府與民間共同出資，計畫預定於 2011 年先設置 200 處電動車充電所 • 知識經濟部預計要在 2030 年前增設 27,000 處電動車充電服務場所，屆時南韓國內電動車將達 240 萬台。此外政策上則是提升再生能源供電比例，並提高其輸入大電網之穩定性。發展儲能裝置，以建構新的電力交易系統 • 使用電端與供電端之電力供需資訊能雙向溝通，以及電力系統具備即時監控與自動修復能力；並促進用戶進行用電管理、新電價機制的建構與賦予用戶多樣化供電來源之選擇權等

資料來源：韓國知識經濟部，資策會 MIC 經濟部 ITIS 研究團隊整理，2020 年 9 月

南韓未來學校發展計畫（Future School 2030 Project）

項目	內容
願景或目標	• 預計在 2030 年之前，於世宗特別自治市完成 150 間智慧校園聚落，總計共有 66 所幼稚園、41 所小學、21 所國中、20 所高中、2 所特殊學校 • 主要驅動政府成立資訊策略計畫 ISP 和專家小組，建置智慧教育平台。建立雲端智慧學習環境，搭載平台承載雲端運算，提供全國所有學校智慧服務
主要內容	• 政府預計花費 23 億美元經費，目標 2030 年實現智慧校園導入建置 • 補貼 5 億美元發展數位教科書，幼稚園、小學、國中、高中之總建築成本為 6,900 萬美元 • 超過 60 個國家參訪該計畫

資料來源：韓國未來創造科學部，資策會 MIC 經濟部 ITIS 研究團隊整理，2020 年 9 月

3. 中國大陸

《北京市 5G 產業發展行動方案（2019 年-2022 年）》

項目	內容
願景或目標	- 網路建設目標：到 2022 年，運營商 5G 網路投資累計超過 300 億元，實現首都功能核心區、城市副中心、重要功能區、重要場所的 5G 網路覆蓋 - 技術發展目標：科研單位和企業在 5G 國際標準中的基本專利擁有量占比 5%以上，成為 5G 技術標準重要貢獻者，重點突破 6GHz 以上中高頻元器件規模生產關鍵技術和工藝 - 產業發展目標：5G 產業實現收入約 2,000 億元，拉動資訊服務業及新業態產業規模超過 1 萬億元
推動主軸	- 實施「一五五一」工程 - 「一」，即一個突破——突破中高頻核心器件技術等關鍵環節 - 「五五」，即五大場景的五類應用——圍繞北京城市副中心、北京新機場、2019 年北京世園會、2022 年北京冬奧會、長安街沿線升級改造等「五」個重大工程、重大活動場所需要，開展 5G 自動駕駛、健康醫療、工業互聯網、智慧城市、超高清視頻應用等「五」大類典型場景的示範應用 - 最終培育「一」批 5G 產業新業態，帶動一批 5G 軟硬體產品產業化應用

資料來源：北京市經濟和信息化局，資策會 MIC 經濟部 ITIS 研究團隊整理，2020 年 9 月

《「5G+工業互聯網」512工程推進方案》

項目	內容
願景或目標	<ul><li>到 2022 年，突破一批面向工業互聯網特定需求的 5G 關鍵技術，「5G+工業互聯網」產業支撐能力顯著提升</li><li>培育形成 5G 與工業互聯網融合疊加、互促共進、倍增發展的創新態勢，促進製造業數位化、網路化、智慧化升級，推動經濟高質量發展</li></ul>
推動主軸	<ul><li>提升「5G+工業互聯網」網絡關鍵技術產業能力：加強技術標準、加快融合產品研發和商業化、加快網路技術和產品部署實施</li><li>提升「5G+工業互聯網」創新應用能力：打造 5 個內網建設改造公共服務平台、遴選 10 個「5G+工業互聯網」重點行業、挖掘 20 個「5G+工業互聯網」典型應用場景</li><li>提升「5G+工業互聯網」資源供給能力：打造項目庫、培育解決方案之供應商、建立供給資源池</li></ul>

資料來源：工信部，資策會 MIC 經濟部 ITIS 研究團隊整理，2020 年 9 月

《關於推動工業互聯網加快發展的通知》

項目	內容
願景或目標	為落實中央關於推動工業互聯網加快發展的決策部署，統籌發展與安全，推動工業互聯網在更廣範圍、更深程度、更高水準上融合創新，培植壯大經濟發展新動能，支撐實現高品質發展，故加快新型基礎設施建設、拓展融合創新應用、健全安全保障體系、壯大創新發展動能及完善產業生態佈局
推動主軸	<ul><li>改造升級工業互聯網內外網路、完善工業互聯網標識體系、提升工業互聯網平台核心能力、建設工業互聯網大數據中心</li><li>積極利用工業互聯網促進復工復產、深化工業互聯網行業應用、促進企業上雲上平台、加快工業互聯網試點示範的推廣普及</li><li>建立企業分級安全管理制度、完善安全技術監測體系、健全安全工作機制、加強安全技術產品創新</li><li>加快工業互聯網創新發展工程建設、深入實施「5G+工業互聯網」512 工程、增強關鍵技術產品供給能力</li><li>促進工業互聯網區域協同發展、增強工業互聯網產業集群能力、統籌協調各地差異化開展工業互聯網相關活動</li></ul>

資料來源：工信部，資策會 MIC 經濟部 ITIS 研究團隊整理，2020 年 9 月

《工業互聯網專項工作組 2020 年工作計畫》

項目	內容
願景或目標	明確 2020 年工業互聯網建設工作有關要求： 一、提升基礎設施能力 二、構建標識解析體系 三、建設工業互聯網平台 四、突破核心技術標準 五、培育新模式新業態 六、促進產業生態融通發展 七、增強安全保障水準 八、推進開放合作 九、加強統籌推進 十、推動政策落地
推動主軸	• 升級工業互聯網外網路、支援改造工業互聯網內網路、推動工業互聯網 IPv6 應用部署、加大無線電頻譜等關鍵資源保障力度、建設工業互聯網大數據中心 • 完善標識解析體系、推動標識解析規模化應用 • 加快平台建設，並加強平台推廣 • 提升關鍵技術能力、建立工業互聯網標準體系 • 開展工業互聯網集成創新應用試點示範、提升大型企業工業互聯網創新和應用水準、加快中小企業工業互聯網應用普及 • 推行高水準組織工業互聯網相關活動，並建立區域協同發展體系 • 健全安全管理制度、推動技術能力建設 • 開展國際合作交流、創新發展研究、健全法規制度

資料來源：工信部，資策會 MIC 經濟部 ITIS 研究團隊整理，2020 年 9 月

中國大陸《國家智慧城市（區、鎮）試點指標體系》

項目	內容
願景或目標	• 住建部要求申請試點之城市應對照《國家智慧城市（區、鎮）試點指標體系》制定智慧城市發展規劃綱要，住建部則會根據此評估試點城市 • 該指標體系可分為三級指標，一級指標包含保障體系與基礎設施、智慧建設與宜居、智慧管理與服務、智慧產業與經濟等四大面向
推動主軸	• 智慧城市發展規劃綱要及實施方案、組織機構、政策法規、經費規劃和持續保障、運行管理 • 無線網路、寬頻網路、下一代廣播電視網 • 城市公共基礎資料庫、城市公共資訊平台、資訊安全 • 城鄉規劃、數位化城市管理、建築市場管理、房產管理、園林綠化、歷史文化保護、建築節能、綠色建築 • 供水系統、排水系統、節水應用、燃氣系統、垃圾分類與處理、供熱系統、照明系統、地下管線與空間綜合管理 • 決策支援、資訊公開、網上辦事、政務服務體系 • 基本公共教育、勞動就業服務、社會保險、社會服務、醫療衛生、公共文化體育、殘疾人服務、基本住房保障 • 智慧交通、智慧能源、智慧環保、智慧國土、智慧應急、智慧安全、智慧物流、智慧社區、智慧家居、智慧支付、智慧金融 • 產業規劃、創新投入 • 產業要素聚集、傳統產業改造 • 高新技術產業、現代服務業、其它新興產業

資料來源：中國大陸住建部，資策會 MIC 經濟部 ITIS 研究團隊整理，2020 年 9 月

上海《關於進一步加快智慧城市建設的若干意見》

項目	內容
願景或目標	• 到 2022 年,將上海建設成為全球新型智慧城市的排頭兵,國際數位經濟網路的重要樞紐;引領全國智慧社會、智慧政府發展的先行者,智慧美好生活的創新城市 • 堅持全市「一盤棋、一體化」建設,更多運用互聯網、大資料、人工智慧等資訊技術手段,推進城市治理制度創新、模式創新、手段創新,提高城市科學化、精細化、智慧化管理水準 • 科學集約的「城市大腦」基本建成;政務服務「一網通辦」持續深化;城市運行「一網統管」加快推進;數位經濟活力迸發,新模式新業態創新發展;新一代資訊基礎設施全面優化;城市綜合服務能力顯著增強,成為輻射長三角城市群、打造世界影響力的重要引領
推動主軸	• 深化資料匯聚及系統集成共用,支援應用生態開放 • 推動政務流程革命性再造,不斷優化「互聯網+政務服務」,著力提供智慧便捷的公共服務 • 加強各類城市運行系統的互聯互通,提升快速回應和高效聯動處置能力水準 • 深化建設「智慧公安」,優化城市智慧生態環境,積極發展「互聯網+回收平台」 • 提升基層社區治理水準,創新社區治理 O2O 模式 • 聚焦雲服務、數位內容、跨境電子商務等特色領域,建設「數字貿易國際樞紐港」,形成與國際接軌的高水準數字貿易開放體系 • 發展智慧綠色農業,促進農產品安全和品質提升 • 推進工業互聯網創新發展,聚焦個性化定制、網路化協同、智慧化生產、服務化延伸 • 推動 5G 先導、4G 優化,打造「雙千兆寬頻城市」 • 率先部署北斗時空網路,深化 IPv6 應用 • 推動資訊樞紐增能、智慧計算增效 • 切實保障網路空間安全與增強智慧城市工作合力

資料來源:上海市人民政府,資策會 MIC 經濟部 ITIS 研究團隊整理,2020 年 9 月

《北京市加快新型基礎設施建設行動方案（2020-2022年）》

項目	內容
願景或目標	<ul><li>聚焦「新網路、新要素、新生態、新平台、新應用、新安全」六大方向</li><li>到 2022 年，基本建成具備網路基礎穩固、資料智慧融合、產業生態完善、平台創新活躍、應用智慧豐富、安全可信可控等特徵</li><li>具有國際領先水準的新型基礎設施，對提高城市科技創新活力、經濟發展品質、公共服務水準、社會治理能力形成強有力支撐</li></ul>
推動主軸	<ul><li>建設新型網路基礎設施，包含 5G 網路、千兆固網、衛星互聯網、車聯網、工業互聯網及政務專網</li><li>建設資料智慧基礎設施，如新型資料中心、大資料平台、人工智慧基礎設施、區塊鏈服務平台及資料交易設施</li><li>推進資料中心從「雲+端」集中式架構向「雲+邊+端」分散式架構演變</li><li>建設生態系統基礎設施，打造高可用、高性能作業系統，聚焦分析儀器、環境監測儀器、物性測試儀器等細分領域</li><li>發揮產業集群的空間集聚優勢和產業生態優勢，在生物醫藥、電子資訊、智慧裝備、新材料等中試依賴度高的領域推動科技成果系統化、配套化和工程化研究開發，鼓勵聚焦主導產業，建設共用產線等新型中試服務平台，構建共用製造業態</li><li>以國家實驗室、懷柔綜合性國家科學中心建設為牽引，打造多領域、多類型、協同聯動的重大科技基礎設施集群</li><li>支援一批創業孵化、技術研發、中試試驗、轉移轉化、檢驗檢測等公共支撐服務平台建設</li><li>建設智慧應用基礎設施，包括智慧政務、智慧城市、智慧民生、智慧產業應用，並為傳統基礎設施及中小企業賦能</li><li>建設可信安全基礎設施及行業應用安全設施，支持開展 5G、物聯網、工業互聯網、雲化大資料等場景應用的安全設施改造提升</li><li>綜合利用人工智慧、大資料、雲計算、IoT 智慧感知、區塊鏈、軟體定義安全、安全虛擬化等新技術，推進新型基礎設施安全態勢感知和風險評估體系建設，整合形成統一的新型安全服務平台</li></ul>

資料來源：北京市人民政府，資策會 MIC 經濟部 ITIS 研究團隊整理，2020 年 9 月

《北京市關於促進北斗技術創新和產業發展的實施方案
（2020 年-2022 年）》

項目	內容
願景或目標	- 為加強全國科技創新中心建設，推動北京市北斗技術創新和產業發展，特制定本實施方案 - 到 2022 年，北斗導航與位置服務產業總體產值超過 1,000 億元，建設一個具有全球影響力的北斗產業創新中心，形成一套北斗產業融合應用的標準體系 - 打造一個國際領先的新一代時空資訊技術應用示範區，實現北斗系統在關係國家安全與國計民生的關鍵行業領域全面應用
推動主軸	- 提升「高精度+室內外」定位服務能力，建設高精度信號服務網及重點區域室內定位網 - 發揮「服務+資料」公共平台價值，完善北斗導航與位置服務產業公共平台與空間資料運營服務雲平台 - 授時定位、地圖服務、個性化位置服務、智慧城市、智慧物流、安防監控、智慧農業、資產監管、環境監測、智慧網聯汽車、無人機和小型機器人 - 研發面向 5G 手機的多感測器融合定位軟體 IP 核及雲端性能增強技術，構建高精度室內外無縫導航新型商業模式 - 結合物聯網、大資料、AR／VR 等技術實現智慧巡檢、作業管理、設施普查、應急救援、災害預警等環節的全面應用 - 推動北斗高精度時間同步技術在軌道交通運營管理的普及化應用 - 建設城市資訊模型網（Internet of CIM）資料平台與全過程動態監測預警資訊化網路 - 城市生態環境保護、智慧出行服務、高效物流提升、智慧冬奧

資料來源：北京市經濟和信息化局，資策會 MIC 經濟部 ITIS 研究團隊整理，2020 年 9 月

《2020年河南省數位經濟發展工作方案》

項目	內容
願景或目標	<ul><li>2020年，全省數位經濟快速發展，數位經濟規模占國民生產總值的比重達到30%以上</li><li>數位基礎網路不斷完善，固定寬頻家庭普及率、移動寬頻用戶普及率均達到90%以上，5G網路實現縣城以上城區全覆蓋</li><li>數位經濟核心區加快建設，國家大資料綜合試驗區成效顯著；城市治理、社會服務等重點領域數位化轉型與融合創新取得突破性進展，數位經濟與實體經濟融合發展水準顯著提高</li></ul>
推動主軸	<ul><li>推進新型智慧城市建設、智慧社區試點建設，開展智慧城市智慧化應用</li><li>加快壯大市場主體，推進鯤鵬生態協同創新</li><li>推進大資料及雲計算產業、軟體資訊服務業、新一代人工智慧、5G產業、智慧感測器、量子通信、新型顯示和智慧終端機</li><li>探索區塊鏈技術與大資料、物聯網和人工智慧技術的融合，加快製造業智慧化改造，推進5G與工業互聯網融合創新</li><li>發展數位生活新服務，推進物流行業數位化轉型，健全「互聯網+醫療健康」服務體系</li><li>推進數字鄉村建設示範，加快推動農業智慧化應用</li><li>實施「上雲用數賦智」行動，培育資訊消費新產品、新業態、新模式，大力發展平台經濟</li><li>加快數位經濟核心區發展，提升大資料產業園區發展水準，推進智慧園區建設</li><li>加快5G網路規模化商用及大型資料中心（IDC）建設，推進互聯網協議第六版（IPv6）規模部署，提升窄帶物聯網（NB-IoT）發展速度。</li></ul>

資料來源：河南省發展和改革委員會，資策會MIC經濟部ITIS研究團隊整理，2020年9月

4. 臺灣

5+2 科研計畫 2.0

項目	內容
願景或目標	導入 AI、5G 兩項技術，強化新興產業、新科技發展，並透過《產創條例》等既有法規政策的支持，要在接下來的四年內實現產業再升級的目標
主要內容	<ul><li>AI、5G 技術實現後，導入 5+2 現有產業</li><li>導入新技術發展、實現智慧機械等先進應用</li><li>藉由《產創條例》等法規政策，鼓勵產業發展</li><li>協助企業未來輸出先進應用至新南向國家等地</li></ul>

資料來源：行政院，資策會 MIC 經濟部 ITIS 研究團隊整理，2020 年 9 月

《臺灣 5G 行動計畫（2019 年至 2022 年）》

項目	內容
願景或目標	- 打造智慧醫療、智慧製造、智慧交通等 5G 應用國際標竿場域 - 建構 5G 技術自主與資安能力，打造全球信賴的 5G 產業供應鏈 - 以 5G 企業網路深化產業創新，驅動數位轉型 - 實現隨手可得 5G 智慧好生活，均衡發展幸福城鄉
推動主軸	- 推動 5G 垂直應用場域實證，於各地廣設 5G 多元應用實驗場域（如臺北流行音樂中心、林口新創園區、沙崙創新園區），並帶動國內廠商參與，建立 5G 驗證實績，加速 5G 商轉普及 - 營造 5G 跨業合作平台，扶植 5G 新創業者並降低技術、資金、法規等門檻，廣納各領域業者進入市場，健全 5G 產業生態系 - 透過各種管道培育 5G 技術與應用人才，滿足 5G 產業發展需求；同時結合國內廠商力量，建構民生公共物聯網、文化科技、智慧醫療等 5G 創新應用標竿實例，帶動 5G 產業茁壯發展 - 完備 5G 技術核心及資安防護能量，制訂 5G 資安國家整體政策，推動國內廠商進入國際 5G 可信賴供應鏈 - 依產業需求、市場發展趨勢、及國際脈動，分階段逐步進行 5G 頻譜釋照 - 與日本、德國、英國等國家同步規劃 5G 專網發展機制，鼓勵創新應用，例如遠距醫療照護偏鄉長輩健康、智慧安全守護鄰里安全及智慧製造提升工業安全等領域 - 調整法規創造有利發展 5G 環境，精進 5G 電信管理法規，放寬電信市場之創新應用及跨業合作彈性，促進 5G 網路基礎設施共建共用

資料來源：行政院科技會報，資策會 MIC 經濟部 ITIS 研究團隊整理，2020 年 9 月

AI on chip 研發補助計畫

項目	內容
願景或目標	「發展核心技術、產出自主利基智慧運算軟體及 AI on Device 系統整合晶片」政策指導方向，以「AI on chip 示範計畫籌備小組」整合跨部會及產學研團隊能量，並以政策工具鼓勵業界領軍投入 AI 晶片前瞻技術與產品發展，產出具有國際競爭力的產品、系統應用與服務，協助我國廠商在邊緣裝置端 AI 取得市場地位
主要內容	<ul><li>補助具有關鍵指標意義的 AI 晶片研發，藉此刺激臺灣 AI 晶片發展，協助臺灣半導體產業延續以往優勢，在 AI 仍能居於全球領先群</li><li>今年 7 月在行政院指導下，攜手臺灣半導體協會成立臺灣人工智慧晶片聯盟 AITA</li><li>AITA 邀請廠商和學界加入，並成立 AI 系統應用、異質 AI 晶片整合、新興運算架構 AI 晶片、AI 系統軟體等四大關鍵技術委員會</li><li>全力協助產業降低 AI 晶片研發成本 10 倍、縮短晶片軟體開發時程 6 個月以上、提升 AI 晶片運算效能 2 倍、建立自主專利，讓臺灣成為 AI 產業晶片的輸出國</li></ul>

資料來源：經濟部技術處，資策會 MIC 經濟部 ITIS 研究團隊整理，2020 年 9 月

《領航企業研發深耕計畫》

項目	內容
願景或目標	以「研究」（國際大廠在臺深耕研發）、「共創」（台商與國際大廠共同創新）及「發展」（帶動臺商發展應用加值及服務）為架構，優先推動新興半導體、新世代通訊、人工智慧 3 大核心科技，吸引國際大廠來台成立研發中心，結合國內產業鏈，加速布局臺灣研發體系，以強化我國產業領導性技術研發實力，引領臺灣從代工製造大國轉型為研發創新強國
推動主軸	<ul><li>推動新興半導體，除將爭取如美光等國際大廠投資，研發下世代記憶體外，並爭取國際大廠與國內企業研究，共創異質晶片產業鏈，穩住臺灣晶圓代工王國地位</li><li>促進國內企業加速產品應用發展，滿足自駕車、智慧手機、資料中心等創新產品所需</li><li>推動新世代通訊—5G 網路新架構，涵蓋開放式 5G 網路新架構、電信級網通產品等</li><li>爭取如進思科和國際電信等國際大廠，投入研發電信級網路系統，擴大出口，提供全球值得信任的高性價比 5G 解決方案</li><li>吸引國際大廠與國內企業合作建構新型態 5G 產業鏈，打造 5G 方案的臺灣品牌。</li><li>推動人工智慧（AI)，爭取如微軟、亞馬遜、谷歌等國際大廠，打造新興 AI 平台，建構智慧國家 AI 生態系</li><li>爭取國際大廠與國內企業共創在地化 AI 產業鏈，使我國成為「企業對企業」（B2B）AI 解決方案輸出國</li><li>推動國內企業發展產業 AI 化解決方案，打造產業 AI 化創新聚落</li></ul>

資料來源：行政院，資策會 MIC 經濟部 ITIS 研究團隊整理，2020 年 9 月

《臺灣顯示科技與應用行動計畫》

項目	內容
願景或目標	2020 至 2025 年，5 年預計投入 177 億元，聚焦智慧零售、交通、醫療和育樂等 4 大應用領域，以實現「Beyond Display—透過新興顯示科技與應用建構 2030 智慧生活」為願景，讓臺灣的先進科技產業，繼續居於國際領先地位
推動主軸	● 將推動國產化落地內需，建置最佳解決方案展示櫥窗，並協助產業加強國際行銷能力，提升臺灣國際品牌形象。另擴展自造基地培育新創公司，提升國內顯示器領域創新能力 ● 發展先進顯示技術與應用系統（如智慧感測、虛實融合及資訊安全等新興科技），並推動跨領域合作發展新技術，實現既有產線轉型並再創新價值；同時開發差異化材料與綠色製程技術，推動產業發展循環經濟模式 ● 建構產業發展環境，除建立智慧零售、智慧交通、智慧醫療及智慧育樂 4 大生活實驗平台及溝通機制，促進產官學研合作，還要培育前瞻顯示科技跨領域整合研究創新應用及國際合作之人才，並引進國際人才。另將以政策性資源，如推動智慧顯示應用主題輔導計畫，促進智慧顯示跨域系統整合發展

資料來源：行政院科技會報，資策會 MIC 經濟部 ITIS 研究團隊整理，2020 年 9 月

《2016-2020 資訊教育總藍圖》

項目	內容
願景或目標	以「深度學習、數位公民」為願景，從學習、教學、環境、與組織四個面向規劃目標，並依目標規劃出 24 項發展策略，期望在 2020 年，我國學生能具備深度學習的關鍵能力，同時成為數位時代下負責任與良好態度的數位公民
推動主軸	<ul><li>學習：培養關鍵能力，養成創新實作及自主學習之數位公民</li><li>教學：強化培訓機制，支援教師發展及善用深度學習之策略</li><li>環境：打破時空限制，提供學生隨時隨地學習之雲端資源</li><li>組織：健全權責分工，落實資訊專業人力合理配置與進用</li></ul>

資料來源：教育部，資策會 MIC 經濟部 ITIS 研究團隊整理，2020 年 9 月

《2015-2019 年學生參加國際資訊類及技能競賽歷年成績統計》

	2015	2016	2017	2018	2019
國際程式競賽（ACM – ICPC）（排名）	臺大（28）	臺大（14）、交大（44）	臺大（20）	臺大（14）	臺大（5）
國際技能競賽（排名）	5金7銀 5銅19優勝	-	4金1銀 5銅27優勝	-	5金5銀 5銅23優勝

資料來源：教育部，資策會 MIC 經濟部 ITIS 研究團隊整理，2020 年 9 月
說明：國際技能競賽每 2 年舉辦 1 次

三、參考資料

（一）參考文獻

1. 2019年十大策略性科技趨勢, Gartner, 2019年
2. 2020年十大策略性科技趨勢, Gartner, 2020年
3. 2019年全球公有雲服務市場的調查報告, Gartner, 2019年
4. 2020年全球公有雲服務市場的調查報告, Gartner, 2020年

（二）其他相關網址

1. IMF，https://www.imf.org/external/index.htm
2. HPE，https://en.wikipedia.org/wiki/Hewlett_Packard_Enterprise
3. Microsoft，https://en.wikipedia.org/wiki/Microsoft
4. IBM，https://en.wikipedia.org/wiki/IBM
5. Oracle，https://en.wikipedia.org/wiki/Oracle_Corporation
6. Accenture，https://en.wikipedia.org/wiki/Accenture
7. SAP，https://en.wikipedia.org/wiki/SAP
8. Symantec，https://en.wikipedia.org/wiki/Symantec
9. Amazon, https://en.wikipedia.org/wiki/Amazon_(company)
10. CSC，https://en.wikipedia.org/wiki/DXC_Technology
11. NTT DATA，https://en.wikipedia.org/wiki/NTT_Data
12. Dell，https://en.wikipedia.org/wiki/Dell
13. DevOps，https://en.wikipedia.org/wiki/DevOps
14. RPA，https://en.wikipedia.org/wiki/RPA
15. TCS，https://en.wikipedia.org/wiki/Tata_Consultancy_Services
16. GDPR，https://en.wikipedia.org/wiki/General_Data_Protection_Regulation
17. Coincheck，https://en.wikipedia.org/wiki/Coincheck
18. Binance，https://en.wikipedia.org/wiki/Binance
19. McAfee，https://en.wikipedia.org/wiki/McAfee
20. Skyhigh Networks，https://www.skyhighnetworks.com/
21. VeriSign，https://en.wikipedia.org/wiki/Verisign
22. Blue Coat，https://en.wikipedia.org/wiki/Blue_Coat_Systems
23. Lifelock，https://en.wikipedia.org/wiki/LifeLock

24. 5G，https://en.wikipedia.org/wiki/5G
25. AIOT，https://en.wikipedia.org/wiki/Internet_of_things
26. ICS，https://en.wikipedia.org/wiki/Industrial_control_system
27. APT，https://en.wikipedia.org/wiki/Advanced_persistent_threat
28. Uber，https://en.wikipedia.org/wiki/Uber
29. Airbnb，https://en.wikipedia.org/wiki/Airbnb
30. CNN，https://en.wikipedia.org/wiki/Convolutional_neural_network
31. GAN，https://en.wikipedia.org/wiki/Generative_adversarial_network
32. DeepFake，https://en.wikipedia.org/wiki/Deepfake
33. Style2paints，https://golden.com/wiki/Style2Paints
34. MLPerf，https://mlperf.org/
35. WEF，https://en.wikipedia.org/wiki/World_Economic_Forum
36. Trend Micro，https://en.wikipedia.org/wiki/Trend_Micro
37. Forcepoint，https://www.forcepoint.com/zh-hant
38. RSA，https://en.wikipedia.org/wiki/RSA_(cryptosystem)
39. Radware，https://en.wikipedia.org/wiki/Radware
40. Cisco，https://en.wikipedia.org/wiki/Cisco_Systems
41. Palo Alto Network，https://en.wikipedia.org/wiki/Palo_Alto_Networks
42. LendingClub，https://en.wikipedia.org/wiki/LendingClub
43. Venmo，https://en.wikipedia.org/wiki/Venmo
44. 眾安保險，https://en.wikipedia.org/wiki/ZhongAn
45. 螞蟻金服，https://en.wikipedia.org/wiki/Ant_Financial
46. 騰訊，https://en.wikipedia.org/wiki/Tencent
47. 中國平安，https://en.wikipedia.org/wiki/Ping_An_Insurance
48. RPA，https://en.wikipedia.org/wiki/Robotic_process_automation

國家圖書館出版品預行編目資料

```
資訊軟體暨服務產業年鑑. 2020 / 朱師右，韓揚銘，童啟晟作.
-- 初版. -- 臺北市：資策會產研所出版：經濟部技術處發
行, 民109.09
    面 ；  公分
經濟部技術處109年度專案計畫
ISBN 978-957-581-804-3(平裝)

1.電腦資訊業 2.年鑑

484.67058                                          109012738
```

書　　名：2020 資訊軟體暨服務產業年鑑
發 行 人：經濟部技術處
　　　　　台北市福州街15號
　　　　　http：//www.moea.gov.tw
　　　　　02-23212200
出版單位：財團法人資訊工業策進會產業情報研究所（MIC）
地　　址：台北市敦化南路二段216號19樓
網　　址：http：//mic.iii.org.tw
電　　話：（02）2735-6070
編　　者：2019 資訊軟體暨服務產業年鑑編纂小組
作　　者：朱師右、韓揚銘、童啟晟
其他類型版本說明：本書同時登載於ITIS智網網站，網址為 http：//www.itis.org.tw
出版日期：中華民國109年9月
總 編 輯：王義智
版　　次：初版
劃撥帳號：0167711-2『財團法人資訊工業策進會』
售　　價：電子檔－新台幣6,000元整；紙本－新台幣6,000元
展售處：ITIS出版品銷售中心/台北市八德路三段2號5樓/02-25762008/
http://books.tca.org.tw
ISBN：978-957-581-804-3
著作權利管理資訊：財團法人資訊工業策進會產業情報研究所（MIC）保有所有權利。欲利用本書全部或部分內容者，須徵求出版單位同意或書面授權。
聯絡資訊：ITIS智網會員服務專線 （02）2732-6517

著作權所有，請勿翻印，轉載或引用需經本單位同意

IT Services Industry Yearbook 2020

Published in September2019by the Market Intelligence & Consulting Institute.（MIC）, Institute for Information Industry

Address：19F., No.216, Sec. 2, Dunhua S. Rd., Taipei City 106, Taiwan, R.O.C.

Web Site：http://mic.iii.org.tw

Tel：(02) 2735-6070

Publication authorized by the Department of Industrial Technology, Ministry of Economic Affairs

First edition

Account No.：0167711-2（Institute for Information Industry）

Price：NT$6,000

Retail Center：Taipei Computer Association

　　　　　　　Web Site：http：//books.tca.org.tw

　　　　　　　Address：5F., No. 2, Sec. 3, Bade Rd., Taipei City 105,

　　　　　　　　　　　Taiwan, R.O.C.

　　　　　　　Tel：(02) 2576-2008

All rights reserved. Reproduction of this publication without prior written permission is forbidden.

ISBN： 978-957-581-804-3